Christopher Posch

Gerda Melchior und Volker Schütz

Die Welpenmafia

Wenn Hunde *nur noch* Ware sind

CHRISTOPHER POSCH   GERDA MELCHIOR   VOLKER SCHÜTZ

DIE WELPENMAFIA

WENN HUNDE NUR NOCH WARE SIND

hansanord

IMPRESSUM

1. Auflage 2013
© 2013 by hansanord Verlag

ISBN: 978-3-940873-44-6

Covergestaltung und Layout: Andreas Kuffner | www.dakuffi.at
Lektorat: Melanie Melchior
Druck: Auer Buch + Medien GmbH, Donauwörth

Sämtliche Fotos im Buch mit freundlicher Genehmigung von:
Silvia Böller, Maggie Entenfellner, Dipl.-Tierarzt Martin Gasperl,
Alena Gerber, Gabriele Jahn-Aigner, Volker Schütz,
Jennifer Regenbrecht (www.Leid-der-Vermehrerhunde.de),
Tierstiftung VIER PFOTEN, Birgitt Thiessmann,
Peter Tomschi, Margit Urbanski, Dr. Marlene Wartenberg

Für Fragen und Anregungen:
info@hansanord-verlag.de
Fordern Sie unser Verlagsprogramm an:
vp@hansanord-verlag.de

hansanord Verlag
Am Kirchplatz 7 | 82340 Feldafing | Tel. +49 8157 9266 280
info@hansanord-verlag.de | www.hansanord-verlag.de

hansanord ist ein Imprint
des IMAGINE Verlag – Thomas Stolze

Dieses Buch ist all jenen Welpen gewidmet,
die durch die illegalen Machenschaften von
Vermehrern viel zu früh verstorben sind.

INHALT

DISKONT-WELPEN

Wann immer ein Welpentransport gestoppt wird, bietet sich das gleiche Bild: Käfige, vollgepfercht mit winselnden Welpen aller Rassen. Tagelang werden die armen Kreaturen quer durch Europa gekarrt. Tote Tiere sind für die Händler kein Problem! Die Ausfälle sind einkalkuliert, die Gewinne dennoch schwindelerregend hoch! 25 Euro bezahlt die Hundemafia für einen Welpen. Verkauft werden sie um 500–1000 Euro! Im Preis inbegriffen: Durchfall, Staupe, Parvovirose und gefälschte Impfpässe. Überleben die Tiere den Transport, sterben sie oft wie die Fliegen bei den neuen Besitzern. Die sind traurig und verzweifelt, weil die Tiere so leiden müssen. Doch jeder, der einen Hund aus dubiosen Quellen wie Internet, oder gar auf Parkplätzen kauft, macht sich mitschuldig. Auch der Zoofachhandel ist kein Garant für gesunde Tierbabies, aus artgerechter Zucht.

Zu süß sind die Welpen, zu groß oft das Mitleid! Und vor allem: zu verlockend der Preis! Mitschuld trägt auch die Politik, die diesem Gräuel tatenlos zusieht. Wo sind die strengeren Gesetze und Kontrollen? Warum verzichtet man auf Steuereinnahmen? Wer Hunde in Diskont-Manier verkauft, wird dies wohl nicht dem Fiskus melden. Also geht es auch ums Geld – und zumindest das könnte doch ein Grund für Politiker sein, endlich zu handeln. Wenn es denn schon nicht das Mitleid mit unschuldigen Geschöpfen ist!

Maggie Entenfellner

DAS GESCHÄFT MIT
DEM (MIT-)LEID

Stellen Sie sich vor, Sie sind im Urlaub. Auf einem Markt drückt Ihnen jemand plötzlich ein winziges Hundebaby in den Arm. Der zitternde Welpe schmiegt sich an Sie und leckt mit seiner kleinen warmen Zunge zärtlich ihre Hand. Sie spüren sein Herz schnell und aufgeregt klopfen. 30 Euro soll der Kleine kosten. Nehmen Sie ihn nicht, wandert er zurück in den durchweichten Pappkarton, den verrosteten Drahtkäfig oder den schmutzigen Kofferraum, in dem sich weitere Winzlinge schutzbedürftig aneinander kuscheln. Es gibt für die Kleinen weder Wasser noch Futter.

Was glauben Sie: Schaffen Sie es, das niedliche Fellknäuel einfach zurückzugeben und so zu tun, als wäre nichts geschehen? Oder werden Sie eher von dem Gefühl überwältigt: Ich muss das Hündchen unbedingt retten. Ich nehme es mit, weil es mir so unendlich leid tut.

Eine andere Szene: Sie sind auf der Suche nach einem Welpen, einem kleinen Hund, dem Sie ihre ganze Liebe schenken können. Der ein Freund fürs Leben wird und der mit Ihnen durch dick und dünn geht. Was liegt näher, als sich im Internet auf die Suche zu begeben? In Tausenden von Anzeigen werden dort Welpen angeboten – einer süßer als der andere. Die Verkäufer werben mit liebevoller Aufzucht, Familienanschluss und Gesund-

14

heitsnachweisen. Und das Beste: Alle diese Hunde sind um ein Vielfaches preiswerter als bei einem eingetragenen Züchter. Würden Sie den Versprechungen Glauben schenken und auf eine solche Anzeige antworten?

Vielleicht denken Sie sich jetzt: „Was soll das? Warum diese Fragen?"

Ganz einfach: Wenn Sie beide Male mit Ja geantwortet haben, lesen Sie bitte dieses Buch und erfahren Sie, was sich oftmals hinter dem Handel mit den niedlichen Hundebabys verbirgt. Ohne, dass es Ihnen bewusst ist, könnten auch Sie auf die Machenschaften der Hundemafia hereinfallen und damit den illegalen Welpenhandel sowie vielfaches Tierleid unterstützen und fördern.

Und wissen Sie, warum? Weil Sie Gefühle haben. Weil Sie Tiere lieben. Und weil Sie Ihre Augen vor dem Leid nicht einfach verschließen.

Birgitt Thiesmann

VORWORT VON DR. MARLENE WARTENBERG,
DIRECTOR EUROPEAN POLICY OFFICE,
BRÜSSEL:

ILLEGALER WELPENHANDEL – EINE EUROPÄISCHE BETRACHTUNG

Das Thema illegale Zucht und illegaler Welpenhandel aus europapolitischer und europarechtlicher Perspektive erscheint möglicherweise nicht naheliegend.

Doch Europa wird von hunderttausenden Rassehunden aus illegaler Zucht und illegalem Handel, vor allem aus osteuropäischen Ländern überschwemmt, was die ohnehin bestehende Problematik überzähliger und ungewollter Hunde und Katzen, die in Tierheimen oder auf den Straßen leben müssen, oder – teilweise immer noch – getötet werden, weiter verschärft. Dieser Tendenz gilt es ausdrücklich gegenzusteuern.

Es sei diesem Buch gewünscht, dazu beizutragen, die dafür notwendige Aufklärung und Bewusstseinsbildung einer breiten Käuferschicht nachdrücklich und hoffentlich mit entsprechender Wirkung nahezubringen.

Dass mir mein Hund das Liebste sei,
sagst Du, oh Mensch, sei Sünde.
Mein Hund ist mir im Sturme treu,
der Mensch nicht mal im Winde!

Franz von Assisi

KAPITEL 1

Ein realer Fall in meiner Kanzlei

Wenn man einige Jahre Tätigkeit als Rechtsanwalt hinter sich gebracht hat, wird sich in der Behandlung und Abwicklung der Rechtsfälle eine gewisse Routine einstellen – was kein Wunder ist. Nehmen wir nur das Gebiet des Kaufrechts, in dem am häufigsten Probleme auftauchen, die Anlass geben, einen Anwalt zu konsultieren.

In seinen Grundzügen ähnelt ein Kaufvertrag dem anderen. Auf der einen Seite steht der Verkäufer, der eine Sache loswerden und Geld dafür haben möchte, auf der anderen der Käufer, bei dem die Interessenlage im Idealfall genau umgekehrt ist. So kommen die beiden zusammen, tauschen Geld und Sache, auch Ware genannt, aus, sind in der Regel zufrieden und gehen ihrer Wege.

Der Anwalt tritt auf den Plan, wenn eine der Parteien sich nicht an die Vereinbarung hält, sei es, dass der Verkäufer vergeblich auf die ihm zugesagte Geldsumme wartet, oder, dass der Käufer sich ärgert, weil die ihm aufgrund des Kaufvertrages übergebene Sache nicht so ist, wie sein Vertragspartner ihm erzählt hat.

Im ersteren Fall wird der Anwalt den Käufer auffordern, den vereinbarten Betrag an den Verkäufer zu zahlen, je nach Einschätzung der Sachlage mit einem recht einfachen Mahnschreiben oder ein wenig offizieller und nachdrücklicher per gerichtlichem Mahnbescheid – sozusagen des Anwalts täglich' Brot.

Der zweite Fall, also wenn ein sogenannter Mangel vorliegt, gestaltet sich in seiner Behandlung erfahrungsgemäß etwas komplizierter. Salopp ausgedrückt, ist die verkaufte Sache dann entweder nicht zu gebrauchen, oder der Käufer hat aufgrund der Aussagen des Verkäufers eine falsche Vorstellung von der Sache bekommen und sie deswegen erworben. Der Käufer hat dann das Recht, eine „Nachbesserung" zu verlangen, was bedeutet, dass der Verkäufer den gekauften Gegenstand in Ordnung bringen muss. Der Käufer kann aber auch den Kaufpreis herunterhandeln – „mindern" nennen das die Juristen – oder die Sache gegen Erstattung des Kaufpreises zurückgeben.

Solange es sich um einen Anzug, ein Auto oder einen Schrank handelt, ist das meist keine große Angelegenheit, denn das sind leblose Dinge. Etwas anderes ist es, wenn es um ein Lebewesen geht und Emotionen ins Spiel kommen – so wie in dem nachfolgend geschilderten Fall.

Eines Tages kam ein junges Paar in meine Kanzlei und bat um eine Beratung.

Ihr kleiner Hund sei krank, hieß es einleitend, was mich zunächst beinahe zu der Frage veranlasst hätte, ob man sich denn nicht vielleicht in der Tür geirrt habe. Da sei doch wohl ein Tierarzt der richtige Ansprechpartner.

Die beiden müssen wohl meinen zweifelnden Blick gesehen haben, denn der junge Mann begann zu erklären, warum sie beide zu mir gekommen waren.

Er hatte einige Monate zuvor, Ende Mai 2010, bei einer Züchterin einen Welpen der Rasse „Havaneser" erworben und dafür 550 Euro gezahlt. Die Verkäuferin hatte ihm erklärt, dass der Welpe alle notwendigen Impfungen und eine Wurmkur erhalten habe und darüber hinaus vollkommen gesund sei. Eine Rechnung könne sie nicht ausstellen, wollte diese aber noch nachliefern.

Bereits einen Tag später war der Welpe krank. Er hatte Fieber und Durchfall, erbrach sein Futter und war schließlich so geschwächt, dass er nicht mehr laufen konnte. Ein Anruf bei der Verkäuferin des Welpen brachte keine Hilfe, denn diese erklärte, die Beschwerden des kleinen Hundes seien die typischen Auswirkungen einer Depression, weil er doch von seinen Geschwistern getrennt worden sei. Das sei völlig normal, man solle doch noch zwei Tage abwarten, dann hätte er sich an die neue Umgebung gewöhnt.

Mein Mandant hielt sich allerdings – zum Glück für den Welpen – nicht an diesen Ratschlag, sondern suchte noch am gleichen Abend einen Tierarzt auf. Dieser stellte anhand der Symptome fest, dass der Welpe ganz offensichtlich von einem Wurm befallen war, und verordnete eine entsprechende Kur. Außerdem verschrieb er ein Antibiotikum, das der Besitzer dem Welpen in den folgenden Tagen mittels einer Spritze in die Schnauze verabreichen musste, worauf die Beschwerden sich besserten. Die Tierarztrechnungen beliefen sich letztlich auf einen Betrag von insgesamt 113,85 Euro.

Meine späteren Mandanten riefen erneut bei der Verkäuferin an und informierten sie über den notwendigen Besuch beim Tierarzt und die ihnen durch die Behandlung des Welpen entstandenen Kosten, woraufhin die Verkäuferin versprach, diese Kosten zu übernehmen.

Am Nachmittag des gleichen Tages rief sie aber dann an und erklärte zum Entsetzen der beiden jungen Leute, dass sie auf keinen Fall zu einer Zahlung der Tierarztkosten bereit sei und den Hund lieber gegen Erstattung des Kaufpreises zurücknehmen wolle. Das wiederum kam aber für die Käufer, denen der kleine Hund inzwischen ans Herz gewachsen war, überhaupt nicht infrage.

In den folgenden Tagen und Wochen versuchten sie mehrfach, mit der Verkäuferin persönlichen Kontakt aufzunehmen, um eine einvernehmliche Lösung herbeizuführen. Bei einem ersten Besuch auf ihrem Anwesen trafen die Käufer lediglich den Ehemann an, der den beiden erklärte, von dem Ganzen keinerlei Ahnung zu haben. Beim zweiten Versuch war dann die Verkäuferin tatsächlich anwesend, verwies die Käufer des Welpen aber barsch von ihrem Grundstück, wobei sie unmissverständlich klarmachte, es gebe weder Geld für den Tierarzt noch eine Rechnung.

Mittlerweile waren die jungen Leute über das Verhalten der Welpenverkäuferin so verärgert, dass sie sich an den Fernsehsender RTL wandten, in der Hoffnung, die Frau auf diesem Wege zu einem Einlenken zu bewegen. Ende Juni 2010 erschien deswegen ein Team des Senders auf dem Anwesen, um die Verkäuferin zur Rede zu stellen. Offenbar aus Sorge, dass ihr mehr als seltsames Geschäftsgebaren ans Licht der Öffentlichkeit gelangen könnte, erklärte sich die Verkäuferin nunmehr vor Zeugen bereit, die Kosten für die tierärztliche Behandlung des Welpen zu tragen. Es blieb allerdings bei dieser Ankündigung, und so saßen die Käufer des kleinen Welpen wenige Tage später in meiner Kanzlei.

KAPITEL 2

Die Sache geht vor Gericht

Nach kurzer Besprechung und Beratung formulierte ich ein Anspruchsschreiben, mit dem ich die Verkäuferin des Welpen zur Zahlung der Tierarztkosten binnen zehn Tagen aufforderte. Die Frist verstrich ergebnislos, so dass ich einen Mahnbescheid beantragte, gegen den die Verkäuferin Widerspruch einlegte. Folgerichtig reichte ich nach Rücksprache mit meinem Mandanten beim zuständigen Amtsgericht Klage auf Zahlung von 113,85 Euro und Ausstellung einer ordnungsgemäßen Rechnung ein.

Auf meine Klageschrift hin nahm sich die Verkäuferin ihrerseits eine Anwältin, die natürlich Klageabweisung beantragte und sich namens ihrer Mandantin gleich eingangs ihres Schriftsatzes zu der kuriosen Darstellung verstieg, dass doch überhaupt gar kein Havaneser verkauft worden sei. Zwar seien die Eltern des Kleinen beide reinrassige Havaneser, aber der Vater habe keine „Papiere". Auch der Welpe habe schließlich keine Rassepapiere. Eine Quittung über die Kaufsumme liege nach Terminabsprache zur jederzeitigen Abholung bereit.

Meine Darstellung, der Hund sei bereits zum Zeitpunkt des Kaufs krank gewesen, wurde von der gegnerischen Kollegin in der Klageerwiderung auf das Heftigste bestritten. Der Welpe sei bei der Übergabe vollkommen gesund gewesen, habe mit den Käufern gespielt und sei herumgetollt. Kurzerhand wurde den Käufern unterstellt, sie hätten den Welpen sicher getreten oder fallengelassen. Die Daten und die Inhalte der tierärztlichen Rechnungen hätten mit den Erkrankungen des Welpen nicht das Geringste zu tun, hieß es weiter. Außerdem wurde meinen Mandanten noch vorgeworfen, sie hätten bewusst versucht, die Verkäuferin des Welpen durch die Einschaltung eines Fernsehteams von RTL einzuschüchtern und Druck auf sie auszuüben.

Natürlich trat ich diesen Behauptungen in meinem nächsten Schriftsatz entschieden entgegen und legte die erforderlichen Beweise vor. Und da ich nur den jungen Mann als Kläger benannt hatte, konnte ich seine Freundin als Zeugin dafür aufbieten, dass der Welpe am Tag nach dem Kauf nicht nur an Durchfall und Erbrechen litt und das Futter verweigerte, sondern auch noch hohes Fieber hatte. Außerdem argumentierte ich, dass der Welpe mit Sicherheit bereits bei der Übergabe an die Käufer krank gewesen sei, da die Symptome massiv direkt am nächsten Morgen auftraten.

Von Seiten der Beklagten erfolgte hierauf keine Reaktion, aber ich hatte in diesem Fall noch nicht das gesamte Pulver verschossen, sondern schickte wenige Wochen später noch einen weiteren Schriftsatz hinterher. Darin schlüsselte ich zunächst einmal die Tierarztrechnungen und die darauf von meinem Mandanten geleisteten Zahlungen auf. Weiterhin konnte ich dem Gericht eine Bestätigung des behandelnden

Tierarztes vorlegen, wonach zunächst wegen des dünnflüssigen Stuhls bei dem kleinen Welpen auch eine Giardiose, eine durch Parasiten hervorgerufene Durchfallerkrankung vermutet worden war. Wesentlich war aber, dass eine Infektion – welcher Art auch immer – nach Einschätzung des Veterinärs nicht erst passiert sein konnte, als sich der Welpe bereits bei den Käufern befand. Vielmehr musste die Erkrankung bereits bei der Übergabe vorgelegen haben.

Die Verhandlung beim zuständigen Amtsgericht wurde schließlich auf den 10. Mai 2011, also fast ein Jahr nach dem Kauf des Welpen angesetzt. Einen Tag vorher streckte die Verkäuferin die Waffen, ob sie inzwischen die Aussichtslosigkeit ihrer Lage erkannt hatte oder die Öffentlichkeit des Prozesses fürchtete, mag dahingestellt bleiben. Jedenfalls ließ sie ihre Anwältin in einem Faxschreiben an das Gericht mitteilen, dass sie den Klageanspruch in voller Höhe anerkenne, also die Tierarztkosten, die Zinsen und die Kosten für Gericht und Anwälte übernehmen und eine Rechnung über den Kaufpreis von 550 Euro ausstellen werde. Damit war der Rechtsstreit zu Ende.

Mir blieb noch, ein sogenanntes Anerkenntnisurteil zu beantragen, das unverzüglich erlassen wurde. Nachdem die Verkäuferin alle Verpflichtungen aus dem Urteil erledigt hatte, konnte ich diesen Fall zu den Akten legen.

KAPITEL 3

Wie mich das blanke Entsetzen packte

Wie ich schon sagte, mit den Jahren stellt sich bei der Anwaltstätigkeit eine gewisse Routine ein, und wenn einem nach längerer Zeit mal wieder die eine oder andere Fallakte in die Hände kommt, ist man bisweilen erstaunt, was da damals alles so passiert ist. Der Fall mit dem kleinen Welpen gehörte nicht in diese Kategorie. Bei ihm erinnere ich mich noch heute, fast zwei Jahre später, an jede Einzelheit, weil mich die Sache auch emotional sehr beschäftigt hat.

Denn in den Wochen danach musste ich immer wieder an die beiden jungen Leute denken, die sich einerseits über das Verhalten der Welpenverkäuferin ärgerten, weil sie ihnen einen kranken Welpen verkauft hatte, denen aber auch die Sorge um ihren kleinen Hund ins Gesicht geschrieben stand, wenn sie mir in meiner Kanzlei gegenüber saßen.

Durch die TV-Berichterstattung auf RTL geriet das Thema verstärkt in das Blickfeld der Medien und einer breiten Öffentlichkeit. Immer wieder gingen in meiner Kanzlei Anrufe ein, in denen mir Menschen ähnliche Fälle schilderten. Von der „Welpenmafia" war da die Rede, von „Wühltischwelpen", „Welpenhändlern" und „Vermehrern", von kranken Welpen und leider auch von solchen, die bei ihren neuen Besitzern nach kurzer Zeit qualvoll verstarben oder vom Tierarzt von ihrem Leiden erlöst werden mussten. In allen Fällen hatten diese Menschen in ihrer Verzweiflung viel Geld ausgegeben, um ihren kleinen Liebling zu retten, aber nur selten konnte ich ihnen Hoffnung machen, dass sie dieses Geld einmal wiedersehen würden. Denn die meisten dieser Menschen hatten den Kardinalfehler begangen und einen Welpen irgendwo auf einem Markt oder einem Parkplatz von einem Verkäufer erworben, dessen Namen und Anschrift sie in den meisten Fällen nicht einmal wussten und der nach dem Austausch von Hund und Geld auf Nimmerwiedersehen verschwunden war. In einem solchen Fall ist es von vornherein nahezu ausgeschlossen, des Verkäufers habhaft zu werden, damit gegen ihn irgendwelche Schadenersatzansprüche geltend gemacht werden können. Manchen dieser Menschen blieb wenigstens der Trost, dass ihr Welpe überlebt hatte, andere mussten neben der Hoffnung auf Ersatz ihres finanziellen Schadens auch noch ihren geliebten Hund begraben.

Eine reelle Chance, zumindest von anwaltlicher Seite her etwas tun zu können, gab es nur dann, wenn die Käufer den Welpen so wie in dem eingangs geschilderten Fall bei einer festen Adresse abgeholt hatten. Dann war wenigstens der Verkäufer greifbar und konnte aufgefordert werden, Schadenersatz zu leisten. Aber nur in den wenigsten Fällen hatten die Käufer auch irgendeinen schriftlichen Beleg in der Hand, was zur Folge hat, dass der Kauf notfalls über Zeugenaussagen nachgewiesen werden muss, was einen Rechtsstreit natürlich unnötig verkompliziert.

KAPITEL 4

Start von umfangreichen Recherchen

Es ist ein bekanntes Phänomen: Wenn man einmal auf eine interessante Sache gestoßen ist, begegnet sie einem in fast gleicher Form immer wieder. Es liegt wohl daran, dass man plötzlich für ein Thema sensibilisiert ist und Meldungen, die man früher nach Erfassen der Überschrift für nebensächlich hielt oder überlesen hat, nunmehr mit Interesse studiert.

Mir ging es nicht anders.

Fast ständig stieß ich in Zeitungen, in Zeitschriften oder im Internet auf Meldungen oder Artikel, die sich mit dem illegalen Handel mit Hundewelpen befassten. Und irgendwann begann ich gezielt zu suchen. Ich lernte den Unterschied zwischen einem seriösen Züchter und einem bloßen Händler, der Welpen kauft und mit Gewinn verkauft. Ich stellte fest, dass die meisten dieser bedauernswerten Geschöpfe aller gängigen Rassen aus den östlichen Anrainerstaaten stammen, wo sie in regelrechten Vermehrungsbetrieben zu Hunderten zur Welt kommen. Ihre ersten Lebenswochen verbringen sie in völlig verdreckten Ställen, zwischen Müll und Unrat. Sie werden mit teilweise fünf Wochen viel zu früh von den Muttertieren getrennt und je zu einem halben Dutzend in Käfigen zusammengepfercht in neutralen Kleinlastern nach Deutschland, Österreich, Frankreich, in die Benelux-staaten und sogar bis nach Spanien transportiert.

Futter und Wasser gibt es während dieses, meist mehrere hundert Kilometer langen, Transports nur selten bis gar nicht, weil Anhalten und Füttern Zeit kostet. Das kleine und das große Geschäft werden notgedrungen im Käfig verrichtet, was zur Folge hat, dass die Welpen im Zielland beim dortigen Welpen-händler zitternd vor Angst, völlig verdreckt und nach Kot und Urin stinkend ankommen – wenn sie den Transport überhaupt überlebt haben.

Beim Welpenhändler ändert sich an diesem Zustand nicht allzu viel. Die Welpen werden in engen Käfigen gehalten und die Hygiene ist mangelhaft.

Interessenten wird dann suggeriert, der angebotene Welpe sei halt noch nicht „sauber", das lerne er aber mit der Zeit. Und natürlich erweckt so ein verdrecktes und verfilztes kleines Wesen auch einen gewissen Beschützerinstinkt beim Menschen. Die wenigsten, denen so ein hilfloser Welpe entgegengestreckt wird, können wohl dem Drang widerstehen, das Tier behut-sam auf den Arm zu nehmen, es zuhause mit einem warmen Bad zu reinigen, in eine flauschige Decke zu wickeln und ihm künftig ein gutes Heim zu bieten. Den für den Welpen geforderten Betrag zu zahlen, ist dann fast nur noch eine Nebensächlichkeit.

Bei meinen Recherchen lernte ich aber auch die andere Seite kennen: Engagierte Hobbyzüchter und -züchte-rinnen, die sich auf eine bestimmte Rasse verlegt ha-ben, deren Zucht sie mit Liebe und Hingabe betreiben.

Die Welpen wachsen im Haus innerhalb der Familie auf, sind an Kinder und Haushaltsgeräusche gewöhnt und werden je nach Rasse erst im Alter von acht bis zehn Wochen abgegeben. Wobei die Käufer hinsichtlich ihrer Möglichkeiten, einen Hund zu halten, genau unter die Lupe genommen werden. Auch diese möchte ich an anderer Stelle in diesem Buch erwähnen.

Bei einem so süßen Welpen kann man doch kaum widerstehen – sollte man aber, wenn einem die Umstände des Angebots dubios erscheinen. Denn die Kleinen sind zu diesem Zeitpunkt noch viel zu jung und oftmals auch todkrank.

KAPITEL 5

Ein Welpenzwischenhändler packt aus

Ein beliebter Trick, um potentiellen Welpen-Käufern Seriosität vorzuspiegeln, ist die Zwischenschaltung weiterer Personen, die als Verteiler fungieren und nach außen hin als Verkäufer des Welpen auftreten. Dabei werden die unterschiedlichsten Erklärungen benutzt, warum man gerade jetzt nur diesen einen Welpen zum Verkauf anbietet. Mal wird erzählt, ein weit entfernt wohnendes Familienmitglied habe eine Hundezucht und man tue diesem mit dem Verkauf einen Gefallen. Das Muttertier könne dort besichtigt werden, wobei darauf vertraut wird, dass niemand diesen weiten Weg auf sich nimmt. Mal ist der richtige Züchter, der natürlich ebenfalls mehrere hundert Kilometer entfernt wohnt, erkrankt und kann sich nicht selbst kümmern. Bisweilen wird auch vorgegaukelt, man habe den Welpen gerade erst selbst vom Züchter gekauft, könne ihn aber aus irgendwelchen Gründen doch nicht behalten. Sozusagen ein Notverkauf, deswegen auch der günstige Preis, weit unter dem üblichen. Diese Zwischenhändler verdienen natürlich ebenfalls an dem Geschäft, und wer die Geschichten, die als Begründung herhalten müssen, tatsächlich glaubt, dem ist nun wirklich nicht zu helfen.

Ordnungsgemäße Papiere oder ein Kaufvertrag sind

natürlich gerade nicht greifbar oder werden angeblich „in den nächsten Tagen" nachgeliefert. Auch dabei wird darauf vertraut, dass die Hundekäufer sich irgendwann so an den neuen vierbeinigen Hausgenossen gewöhnt haben, dass sie ihn auch ohne Hundepass, Impfpass, Chip und ähnliche Dinge akzeptieren.

Nur selten kommt es vor, dass Mitglieder dieser verschworenen Gemeinschaft skrupelloser Welpenhändler aussteigen und so wie ein ehemaliger Zwischenhändler in der nachfolgenden eidesstattlichen Versicherung Einzelheiten ihrer Vorgehensweise preisgeben. Aus rechtlichen Gründen mussten alle Angaben, die Rückschlüsse auf die Identität der dort genannten Personen zulassen könnten, unkenntlich gemacht und durch drei Punkte ersetzt werden. Darüber hinaus wurde am Inhalt nichts geändert.

Versicherung an Eides Statt

In Kenntnis der Strafbarkeit einer vorsätzlichen oder fahrlässigen falschen Versicherung an Eides Statt erkläre ich, ███████████ ████████ zur Vorlage bei Gericht an Eides Statt folgendes:
███████████████ verkauft alle Hunde selber.
███████████ gibt Anzeigen im Internet auf, überall dort, wo die Anzeigen kostenlos sind. Zudem verteilt ██████████████-Hunde auf Bestellung oder auch so an andere Händler, die die Hunde auch weiterverkaufen. Ich weiß von drei weiteren Verkäufern. Die Hunde werden meist am Wochenende verkauft. Ich weiß, dass ██████████████-Hunde verkauft.

Dies auch nach Stuttgart, Bayern, Hessen,
und weitere Orte.
Auf ███████████████ Grundstück befinden sich
geschätzt zwischen 100 und 200 Hunde. Auf
ihrem Grundstück lebt ███████████████████ ,
█████████████████ und ████████████████████ Kinder.
Das ganze Haus ist voller Hunde. Die Familie
hat keinen Platz zu Leben. Und daher sind
auch die Kinder den ganzen Tag nicht da.
Sie haben ein Zimmer unterm Dach.

In der Zeit, in der ich den Verkauf mitbe-
kommen habe, hat ████████████████ Hunde an uns
verkauft und dafür ca. 4000 – 4500 Euro
verdient. In der Regel kassiert ████████████████
████████ für Männchen 550 Euro und für Weibchen
580 Euro. Nach Stuttgart und Bayern werden
die Hunde teurer verkauft.
Viele Kunden haben sich beschwert, da die
Hunde krank waren oder gestorben sind. Mir
gegenüber hat ████████████████████ immer behauptet,
dass die Besitzer sich nicht richtig
gekümmert haben. Kunden, die sich beschwert
haben, wurden oftmals des Grundstücks verwiesen. Die erste Etage ist voller Welpen,
die in Käfigen gehalten werden. Die Käfige
sind nach oben offen. Es stinkt und ist
widerlich anzusehen, da die Welpen in ihren
eigenen Fäkalien herumlaufen. Deswegen
stinken sie beim Verkauf auch so.

███████████████████ verteilt Blankoimpfausweise.
Mit Aufkleber des Impfstoffs, Stempel und
Unterschrift des Tierarztes. Die Impfausweise
sind ohne Namen des Welpen, ohne Geburtsda-

tum, ohne Datum der Impfung.
███████████████████ trägt alle Namen im Nach-
hinein selber ein. Die Impfausweise sind zu
90% gefälscht.
Der Tierarzt, mit dem ███████████████ zusam-
menarbeitet, kommt aus ██████████████. Ich
vermute, dass er ███████████████ oder
███████████████ heißt. Ich habe ihn nie
persönlich kennen gelernt. Sie hat die Hunde
selber geimpft. Die Küche ist voller Medikamente, Spritzen, Salben, Pinzetten, Pipetten
und Impfausweise.
Quittungen und Kaufverträge beim Verkauf
eines Hundes werden grundsätzlich abgelehnt.
Auch ich wurde angewiesen, keine Quittungen
und Kaufverträge auszustellen, damit keine
Schadenersatzansprüche geltend gemacht werden
können.

Hunde, die gechipt sind, sind teurer. Und
diese Chips setzt ███████████████████ den
Hunden selbst ein. Diese Chips kann man alle
im Internet bestellen. Da die Hunde nach dem
Chippen unter Schmerzen litten, wurde entschieden, die Hunde nicht mehr zu chippen,
denn wehleidige Hunde lassen sich nicht gut
verkaufen.

Hunde, die nicht weiterverkauft werden konnten, gingen zurück. ... Den Käufern wird oft
suggeriert, dass die Welpen von einem
bestimmten Muttertier abstammen. Aber das
gezeigte Tier ist nicht die Mutter der
Welpen. ███████████████████ ist Mitglied im
███████████████████ -Verein in ███████████████

und besorgt über diesen Ahnentafeln. Diese
werden zusätzlich für 250 Euro an die Käufer
weiterverkauft. Irgendwelche Papiere für die
Hunde zu besorgen war für
nie ein Problem.

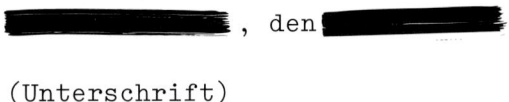 , den ████████

(Unterschrift)

Diese Schilderung spricht wohl mit allen ihren ab-
scheulichen Einzelheiten für sich.

KAPITEL 6

Mein Treffen mit Birgitt Thiesmann von der Tierschutzstiftung VIER PFOTEN

Wie schon beschrieben, ließen mich – kaum damit in Kontakt gekommen – die Themen Hundemafia, Welpenschmuggel und Welpenhandel nicht mehr los.

Ich wollte, nein, ich musste, mehr darüber erfahren. Wer konnte mir da besser mit Rat und Tat zur Seite stehen, als jemand von der Tierschutzstiftung VIER PFOTEN?

Ich hatte mich vorher ausgiebig erkundigt und überall las ich von den Anstrengungen von VIER PFOTEN aktiv gegen diese Missstände zu Felde zu ziehen.

Ein paar Telefonate und ein paar Tage später traf ich dann zum ersten Mal Birgitt Thiesmann, die Leiterin der internationalen VIER PFOTEN-Kampagne gegen den illegalen Welpenhandel. Von den ersten Minuten an war die beidseitige Sympathie zu spüren, und auf meine vielen Fragen antwortete sie mir dermaßen engagiert und fundiert, dass ich nur gebannt ihren ausführlichen Schilderungen zum Thema „Illegaler Welpenhandel" zuhören konnte:

Wie alles begann

von Birgitt Thiesmann

„Ich arbeitete bereits viele Jahre als Reporterin, als ich über VIER PFOTEN zum ersten Mal vom illegalen Welpenhandel erfuhr. Zuvor hatte ich in Zusammenarbeit mit der Organisation schon einige Berichte über Tierversuche, Legebatterien, Nerzzucht oder Kaninchenmast veröffentlicht.

Alles schockierende und traurige Themen, aber diese Fotos trafen mich besonders: Winzige Hunde, zusammengepfercht in Kisten und Kofferräumen, ängstlich zusammengekauert, die noch zahnlosen Mäulchen zu einem Wimmern verzerrt. Auf den Märkten in Osteuropa feilgeboten wie billige Ramschware.

Da ich Hunde sehr mag und mittlerweile selbst einen habe, wusste ich, das Thema würde mich nicht mehr loslassen...

Heute, einige Jahre später, weiß ich so viel mehr darüber. Ich habe in Abgründe geblickt, von denen ich nicht einmal ahnte, dass sie existieren. Und das Thema hat mich tatsächlich nicht mehr losgelassen: Inzwischen arbeite ich nicht mehr als Reporterin, sondern leite die VIER PFOTEN-Kampagne gegen den illegalen Welpenhandel. So kann ich mich voll und ganz für die Hunde einsetzen.

KAPITEL 7

Auf dem Welpenmarkt in Ungarn

von Birgitt Thiesmann

Die Bilder von den Welpenmärkten gingen mir seit der Zeit als Reporterin nicht mehr aus dem Kopf. Meine Arbeit bei VIER PFOTEN beschränkte sich deshalb nicht nur auf Deutschland. Ich wollte, nein, ich musste unbedingt herausfinden, woher die Hunde kommen und was dahinter steckt.
Mein erster Weg führte mich deshalb nach Ungarn. Mit einem Kollegen und einem Team des österreichischen Fernsehsenders ORF ging es zu einem Wochenmarkt nahe der kroatischen Grenze. Angeblich sollten hier auch Welpen jeder Rasse verkauft werden. Wir erfuhren im Vorfeld: Auf diesem Markt decken sich viele Zwischenhändler mit Hunden ein, und die meisten Kontakte für Bestellungen werden hier geknüpft.
Nicht vorstellbar zu diesem Zeitpunkt für uns: Was sind das für Menschen, die Welpen wie seelenlose Ware verscherbeln? Was wird uns dort erwarten?

Mit diesen zwiespältigen Gefühlen stand ich kurze Zeit später auf dem Markt. Ich war mit einer versteckten Kamera ausgerüstet worden, um kein Misstrauen zu erregen oder sogar angegriffen zu werden. Es herrschte emsiges Treiben. Neben üppigen Blumen- und Gemüseständen priesen

Händler Kleidung, Schmuck, elektronische Geräte und vieles andere an. Es roch nach Bratwürsten, Pommes Frites und Lángos, einer ungarischen Spezialität.

Und natürlich gab es an jeder Ecke die Möglichkeit, stangenweise Zigaretten zu kaufen. Die Verpackungen sahen aus wie bei uns, allerdings waren die Zigaretten sehr viel preiswerter.
„Liegt das nur am Steuersatz oder ist gar nicht drin, was draufsteht?", fragte ich meine Mitreisenden.
„Mogelpackungen" – wie die vermeintlich gesunden und geimpften Welpen, schoss es mir, noch bevor diese antworten konnten, durch den Kopf. Hauptsache billig.

Noch während ich meinen Gedanken nachhing, sah ich sie: Im hinteren Teil des Marktes, wo sich das farbenfrohe Angebot lichtete, standen Frauen und Männer auf einem morastigen Weg neben alten Autos, Drahtkäfigen und Pappkartons. Manche von ihnen sahen sehr ärmlich aus, einige hatten sogar ihre Kinder dabei.

Gehören auch sie zu der sogenannten Welpenmafia oder bessern sie mit dem Verkauf der Hunde lediglich ihre spärlichen Finanzen auf? Es wäre sicher besser, nicht darüber nachzudenken.
Trotzdem konnte ich nichts dagegen tun, dass mir diese Menschen irgendwie leidtaten. Aber dann hatte ich nur noch Augen für die Welpen: Winzige Hunde sämtlicher Rassen kauerten schutzsuchend auf schimmeligem Zeitungspapier, auf rostigen Drahtböden oder in schmutzigen Kofferräumen, manche fiepten jämmerlich.

Sofort streckten sich uns Menschenhände entgegen, die uns die Kleinen anboten. Ganz plötzlich hielt ich ein zitterndes Fellbündel in der Hand. Sein Herz raste. Als ich ihm vorsichtig das Köpfchen kraulte, suchte sein zahnloses kleines Maul meinen Finger. Mit schmatzenden Geräuschen fing der Welpe an zu saugen. Ich kämpfte gegen meine aufsteigenden Tränen. Der Kleine gehörte zu seiner Mutter, er war höchstens fünf Wochen alt, das sah ich sofort. Der Verkäufer versicherte uns jedoch mit einem Schulterzucken und einer beschwichtigenden Geste, der Hund sei acht Wochen alt, geimpft und kerngesund. Papiere seien okay. Damit holte er einen Stapel Impfausweise hervor, die von einem Gummiband zusammengehalten wurden.

Jeder dieser Ausweise sah außen wie innen identisch aus: Verschiedene Stempel in ungarischer Sprache, daneben undefinierbare Aufkleber, das Ganze versehen mit unleserlichen Unterschriften. Aber Angaben zu den einzelnen Hunden, Chipnummern, Adressen – Fehlanzeige! Diese Ausweise waren das Papier nicht wert, aus dem sie bestanden.

Tierliebe Menschen jedoch, die damit noch nie etwas zu tun hatten oder vor lauter Mitleid zerfließen, fallen blind auf diesen Schwindel herein.

12000 Forint sollte „mein" Hund kosten – umgerechnet 40 Euro. Wortlos und mit einem Kopfschütteln gab ich den Kleinen zurück. Der Verkäufer wollte handeln, doch ich drehte mich um und ging.

Das schaffte ich jetzt nicht, das war mir in diesem Moment zu viel Elend, auch wenn der „Kauf" nur zum Schein passieren sollte. Im Augenwinkel sah ich noch, wie er das hilflose Tier zurück in die Kiste bugsierte. Mir blutete das Herz.

Was geschieht jetzt wohl mit ihm?, fragte ich mich.

Ein anderer Verkäufer hielt stolz einen chinesischen Nackthund in die Luft. Das Tier zitterte wie Espenlaub. Kein Wunder: Ich fror ja schon in meiner dicken Jacke.

Ein paar Meter weiter kauerte ein halbwüchsiger Rottweiler in einem Drahtkäfig, der nur minimal größer war als das Tier selbst. Der Hund konnte sich kaum bewegen. Seine flehenden Augen blickten vom einen zum anderen, doch das schien niemand zu bemerken. Den Berührungen der Besucher durch den Maschendraht war er schutzlos ausgesetzt. Als ein Mann grundlos auf den Käfig einschlug, verwandelte sich mein anfängliches Mitleid in Wut.

Viele der Händler hier schienen wirklich arm zu sein. Aber wie auch immer – das gab und gibt ihnen doch nicht das Recht, Tiere wie seelenlose Ware zu behandeln und Interessenten nach Strich und Faden zu belügen und zu betrügen.

KAPITEL 8

Das Geschäft mit dem Mitleid und „Welpen to go"

von Birgitt Thiesmann

Der Markt in Slubice an der deutsch-polnischen Grenze liegt nicht nur gerade mal eine Flussbreite von Frankfurt/Oder entfernt – er zeigt auch das ganze Ausmaß des kriminellen Treibens. Durch die direkte Nähe zu Deutschland und die vielen Touristen, die am Wochenende in Massen dorthin strömen, floriert das Geschäft mit den Welpen dort besonders gut.

Schon auf dem Parkplatz gibt es „Welpen to go".

Sie kauern in offenen Kofferräumen zwischen öligen Kanistern, rostigem Werkzeug oder alten Plastiktüten. Die Händler brauchen ihre „Ware" nicht einmal anzubieten: Völlig verzückt bleiben die Marktbesucher vor den Autos stehen und können sich von den putzigen Hundebabys kaum lösen. Dass diese wie immer viel zu jung sind und keinen gepflegten Eindruck machen, scheinen die meisten dabei ebenso wenig wahrzunehmen wie das verwahrloste Umfeld. Und diejenigen, die das Elend sehr wohl registrieren, bekommen sofort den Rettungsreflex.
Das Bild setzt sich auf dem Vorplatz des Marktes fort: Hier stehen die Welpenhändler in Reih und

45

Glied nebeneinander und lassen, wie ihre Parkplatz-Kollegen, die Gefühle der Interessenten für sich arbeiten. Mit einem Lächeln drücken sie den arglosen Menschen die kleinen Fellknäuel in die Arme. In dem Besucherstrom, der sich nachmittags über die Brücke zurück nach Deutschland wälzt, finden sich dann auch zahlreiche Hundebabys. Zu jung, ungeimpft und oft schon todkrank. Und obwohl es ja einen Grenzübergang gibt, erfolgen keinerlei Kontrollen.

Die Recherchen zum Thema Welpenhandel führten Christopher Posch und mich eines Tages zusammen. Er hatte den Fall eines jungen Pärchens auf dem Tisch, das von einer deutschen Welpenhändlerin betrogen wurde, während ich fortwährend damit beschäftigt war, die „Quellen" solcher Betrüger ausfindig zu machen. Wie konnte ich nur an diese sogenannten Vermehrer kommen, deren Hunde eben auf den Märkten und im Internet verkauft wurden?

Eines Tages klingelte in meinem Büro das Telefon und Christopher war dran. Die Chemie zwischen uns stimmte sofort und schnell war klar, dass wir gemeinsam nach Slubice fahren würden, um für seine TV-Serie „Christopher Posch – Ich kämpfe für Ihr Recht" die grausamen Machenschaften der Welpenmafia zu dokumentieren. Dieser Markt diente den skrupellosen Händlern nämlich nicht nur dazu, die Hunde an Touristen zu verkaufen, sondern war auch gleichzeitig Umschlagplatz für Großabnehmer. Mit ihnen trafen sich die Händler jedoch abseits vom Markttreiben, auf einem etwas weiter entfernt liegenden Parkplatz.

Genau dort parkten auch wir zwei Wochen später – unter den wachsamen Augen eines offiziellen Parkplatzwächters. Als könnte er unsere Gedanken lesen, ließ er uns nicht aus den Augen, während er weitere Besucher abkassierte und ihnen die Parkplätze zuwies. Wie gut, dass wir uns schon im Hotel verkabelt, die versteckten Kameras getestet und das ganze Equipment unsichtbar im Auto verstaut hatten. Daher konnte es sofort losgehen.

Christopher, die beiden Kameramänner und ich beschlossen, nicht als Gruppe loszumarschieren, sondern uns aufzuteilen. Die beiden Kameramänner sollten immer in unserer Nähe bleiben. Da ich den Markt bereits kannte, warnte ich Christopher davor, ein zu großes Interesse an den Hunden an den Tag zu legen. Die Händler tun zwar immer so unschuldig und freundlich – sind aber in Wirklichkeit mit allen Wassern gewaschen. Sie haben inzwischen so etwas wie einen siebten Sinn dafür entwickelt, wer Freund oder Feind ist. Und schon bald sollte sich zeigen, dass ich recht hatte.

Christopher Posch und ich versuchten, wie ein Pärchen zu wirken, das bei einem Bummel über den Markt dieses und jenes entdeckt. So kauften wir Gebäck, Socken und die übliche Stange Zigaretten – obwohl keiner von uns beiden raucht. Ausgestattet mit den marktüblichen Plastiktüten, arbeiteten wir uns langsam Richtung Welpen vor, die Kameramänner immer in einem gebührenden Abstand hinter uns.
Schließlich standen wir vor Pappkartons, Käfigen und Körben, in denen Hundebabys aller Rassen übereinanderlagen.

Ich beugte mich hinunter, um mit meiner versteckten Kamera möglichst gute Bilder einzufangen. Das breite Klebeband um meine Hüfte und an meinem Rücken, das das Kabel fixierte, spannte plötzlich unangenehm. Hoffentlich hält es, schoss es mir durch den Kopf. Den Gedanken dachte ich lieber nicht zu Ende.

Um die ganze Bandbreite des Angebots einzufangen, gingen Christopher und ich von einem Händler zum nächsten. Wir nahmen die verschiedenen Hundebabys aus ihren Behältnissen und aus Kofferräumen. Wir ließen uns Lügen zu Alter, Impfungen und Herkunft erzählen, lächelten und gaben uns nach wie vor unschlüssig.

Einer der Anbieter lockte uns, mit den Worten „Komm, komm", ein Stückchen weiter auf eine kleine Rasenfläche. Dort nahm er einen seiner Welpen und setzte den Winzling auf das Gras. Der Hund war noch so jung, dass er nicht einmal richtig stehen konnte. Wie ein Mini-Bettvorleger lag er auf dem Bauch, die Beinchen zu beiden Seiten weit von sich gestreckt. Das kleine Maul zahnlos, die Augen noch blau. Was hatte der Kleine hier zu suchen? Wie so viele andere Welpen

hier müsste er noch gesäugt werden.
Doch der Mann war unerbittlich. Wieder nahm er den Welpen und versuchte abermals, ihn zu ein paar Schritten zu bewegen.

„Gibst du 30 Euro", sagte er. „Hund gutt!"
In mir kroch die kalte Wut hoch, und gleichzeitig überschwemmte mich ein unendliches Mitleid für den Kleinen. Ich schüttelte den Kopf und muss in dem Moment wohl ziemlich wütend ausgesehen haben. Auch mir fiel es schließlich nicht leicht, diese armen Geschöpfe dazulassen.

Beinahe hätte mein Mitleid gesiegt und ich hätte das kriminelle Treiben unterstützt und einen Hund gekauft – und dabei meine eigene Kampagne unterlaufen.

In meinen Gedanken noch ganz und gar mit dem viel zu jungen Hundebaby beschäftigt, fasste mich Christopher plötzlich am Arm und gab mir mit einem festen Druck zu verstehen, dass etwas nicht stimmte. Und dann sah ich es auch: Um uns herum schien sich ein Kreis von finster aussehenden Männern immer enger zusammenzuziehen. Wie zufällig kamen sie immer näher und musterten uns scheinbar beiläufig. Ein Blick zu den etwas weiter entfernt stehenden Kameramännern bestätigte meinen Eindruck. Einer der beiden zog alarmierend ganz kurz die Augenbrauen hoch und nickte mit dem Kopf in Richtung Parkplatz. Ohne loszurennen, jedoch sehr bestimmt, trabten Christopher und ich hinter ihnen her. Wären nicht so viele Marktbesucher um uns herum gewesen, wären wir garantiert nicht ungeschoren davon gekommen. Gar nicht auszudenken, wenn sie unsere versteckten Kameras entdeckt hätten.

Kaum ihrer Sichtweite entkommen, legten wir einen Sprint zum Auto hin. Jetzt nichts wie weg hier. Die Bilder waren im Kasten. Polizei hatten wir keine gesehen, also konnten wir diesbezüglich nicht auf Hilfe hoffen. Wie ich später erfahren sollte, ist das ohnehin sehr zweifelhaft...

Birgitt Thiesmann:

Ein klares NEIN zur Rettung aus Mitleid

Eine der wichtigsten Leitlinien im Kampf gegen den illegalen Welpenhandel lautet, niemals ein Tier aus Mitleid zu kaufen oder weil es billig ist.

Aus purem Eigennutz spielen diese Händler mit dem Mitgefühl der Menschen. Denn: Je jünger so ein Hund ist, umso größer ist die Chance, dass er von einem tierlieben Käufer „gerettet" wird.

Seit ich selbst auf diesen Märkten war, weiß ich, warum es immer wieder passiert und wie schwer es ist, nicht zu „retten".

Aber es ist die einzige Möglichkeit, dieses tierquälerische und kriminelle Geschäft einzudämmen.

KAPITEL 9

Der Betrug im Internet

von Birgitt Thiesmann

Die Reaktionen der Leser und Zuschauer auf die Berichterstattung meiner Reise zu dem ungarischen Markt reichten von Wut, über Trauer und Mitleid bis hin zu tiefer Betroffenheit.
Denn was bis dahin kaum jemand wusste: Oft ist die unbewusste Unterstützung des illegalen Welpenhandels nur einen Mausklick entfernt, da ein Großteil der im Internet angebotenen Welpen eben aus diesen osteuropäischen Vermehrerstationen stammt.

Getarnt durch falsche Angaben und manipulierte Bilder gaukeln diese Angebote den Interessenten Seriosität und eine heile Welt vor – und das alles zu Schnäppchenpreisen!

Besonders begehrt: Rassehunde aller Art.

Während ein seriöser Züchter dafür um die 1000 Euro oder mehr verlangt, ja einfach auch verlangen muss, gibt es die Vierbeiner im Internet dagegen oft für einen Spottpreis. Gefälschte Informationen und Bilder, auf denen die kleinen Hunde gesund und niedlich aussehen, zerstreuen dann schnell auch die allerletzten Zweifel. In den An-

zeigen wird mit liebevoller Aufzucht sowie Famili-
enanschluss geworben. Angeblich sind die Hunde
geimpft, gechippt und entwurmt. Also alles okay,
sollte man meinen.

Aber warum geben die meisten Anbieter, bis auf
eine Handynummer, dann nichts von sich preis?

Oftmals erfährt der Interessent weder den Namen,
noch die Adresse des Verkäufers. Unter den faden-
scheinigsten Ausreden bestehen diese unseriösen
Händler darauf, sich an unverfänglichen Orten
zu treffen, um ihre wahre Identität zu verbergen.
Spätestens jetzt sollte man die Notbremse ziehen.
Doch meistens hat sich das Bild des Welpen aus
dem Internet bereits so ins Herz gebrannt, dass
jegliche Skrupel beiseitegeschoben werden.

So wie bei Andrea T.
„Ich hätte auf mein Bauchgefühl hören sollen",
sagte die 36-Jährige bei unserem Gespräch. Frau
T. hatte ihr Chihuahua-Mädchen Cindy im Inter-
net gefunden. Aus liebevoller Familienaufzucht,
geimpft, entwurmt, acht Wochen alt. Dass Frau
T. die Kleine nicht bei dem Anbieter zu Hause
abholen konnte, kam ihr zwar seltsam vor, aber
schließlich überzeugten sie die Beteuerungen des
Verkäufers.
„Er sagte, er sei gerade umgezogen und kein
Navi der Welt würde das Neubaugebiet finden",
so Frau T.
Erst als ihr der ungepflegte Mann das Fellknäu-
el auf einem Parkplatz in die Hand drückte, die
600 Euro nahm und verschwand, fühlte sie, dass
irgendetwas nicht stimmte. Es dauerte nur we-

nige Stunden, bis sich der Zustand der kleinen Chihuahua-Dame dramatisch verschlechterte.

„Cindy war total apathisch. Als sie kurze Zeit später Durchfall bekam und sich übergab, bin ich vor Sorge um die Kleine fast verrückt geworden", fuhr Andrea T. stockend ihre Erzählung fort. Alle Bemühungen der Tierärztin waren vergeblich. Obwohl Cindy stationär aufgenommen wurde und Infusionen bekam, hatte sie keine Chance. Immer wieder versuchte der kleine Chihuahua sich aufzurappeln, während er bereits blutiges Schleimhautgewebe absonderte. Der Todeskampf der kleinen Hündin dauerte drei qualvolle Tage, dann war Cindy tot.
Gestorben an Staupe.

Vor dieser hochansteckenden Viruserkrankung sind die Welpen in den ersten Wochen eigentlich geschützt, sofern ihre Mütter dagegen geimpft wurden.
Aber Cindys Mutter wurde nicht geimpft, ebenso wenig wie Cindy selbst.
„In der Tierklinik stellte sich dann heraus, dass mein Hund höchstens sechs Wochen alt war", berichtete die Frau unter Tränen.
„Ich habe alles falsch gemacht..."
Neben dem erlittenen Schmerz und dem Verlust zahlte Andrea T. auch finanziell drauf: 1000 Euro kostete die stationäre Behandlung von Cindy. Zusammen mit den 600 Euro Kaufpreis waren das 1600 Euro für drei Tage Hundebesitz.

Das ist aber leider kein Einzelfall:
Jeden Tag melden sich neue Hundebesitzer bei

VIER PFOTEN, die auf solche üblen Anzeigen hereingefallen sind. Sie alle leiden unendlich mit ihren liebgewonnenen kleinen Vierbeinern, und einige Menschen kommen damit gar nicht zurecht.

Nicht immer sterben die Hunde, aber fast immer bleiben sie auf die eine oder andere Art „Pflegefälle", die ihre Besitzer sehr viel Kraft und Geld kosten. Hundebabys, die ihren Müttern zu früh entrissen werden, fehlt die überaus wichtige Prägephase. In den ersten acht Wochen werden die Kleinen durch Mutter und Geschwister sozialisiert, finden ihren Platz im Rudel und bekommen neben Liebe und Fürsorge auch die für sie so wichtige Muttermilch.

Ein Welpe, dem diese Zeit und Erfahrung fehlt, wird ein Leben lang unter diesem Defizit leiden. Diese Hunde zeigen später Auffälligkeiten wie Misstrauen, Angst oder Aggressivität. Und ohne die notwendige Muttermilch kann das Immunsystem der Welpen nicht aufgebaut werden, und sie werden schnell sehr krank.

Auch chronische Krankheiten sind keine Seltenheit. So mutiert der ehemalige „Schnäppchen-Hund" schnell zum Sorgenkind, dessen ärztliche Behandlungen irgendwann kaum mehr zu finanzieren sind. Und wieder ist es das Mitleid und das Mitgefühl für die Vierbeiner, was den Händlern ein sicheres Geschäft beschert. Um es mal ganz krass auszudrücken: Diese Kriminellen kaufen und verkaufen „beschädigte Ware" mit der Gewissheit, dass sie nicht zurückgegeben wird. Selbst wenn sie deswegen einmal angezeigt werden sollten, haben sie selten etwas zu befürchten.

Und die Gewinnspanne ist immens. Wer jedoch beispielsweise stattdessen mit Drogen dealt, muss langjährige Haft- und/oder empfindliche Geldstrafen fürchten.

Trotzdem bringt es natürlich niemand über sich, so ein armes Kerlchen wieder umzutauschen.

Rein rechtlich wäre das allerdings kein Problem: Noch immer gelten Tiere vor dem Gesetz als Sache, bezeichnenderweise auch „Lebendware" genannt. So, als hätten sie keine Gefühle und zudem keinen Respekt verdient. Absolut unverständlich. Jeder, der ein Tier zu Hause hat und sich mit ihm beschäftigt, wird bestätigen können, dass Hund, Katze & Co. nicht nur Gefühle haben wie wir, sondern dass jedes Tier für sich eine ganz eigene Persönlichkeit darstellt. Natürlich trennt man sich von ihnen nicht einfach wie von einem defekten Fernseher.

Ein Polizist etwa, der nicht nur um das Leben seines Hundes kämpfte, sondern auch vergeblich versucht hatte, rechtlich gegen die vermeintliche Züchterin anzugehen, hatte das Ganze so mitgenommen, dass er arbeitsunfähig wurde.

KAPITEL 10

Wiederholungstäter oder: Strafen, die keine sind

von Birgitt Thiesmann

Für die FOCUS TV-Reportage wollten wir genau wissen, was im Einzelnen bei so einem Internetkauf passiert. So gab ich mich unter einem falschen Namen als Interessentin für einen Mops aus. 350 Euro sollte der Kleine kosten und 10 Wochen alt sein. Außerdem geimpft und entwurmt. Schon der Preis war verdächtig. Und nicht nur der: Es fand sich weder ein Hinweis auf den Anbieter noch sonst irgendwelche Angaben, die darauf schließen lassen konnten, wer hinter diesem Billigangebot steckte. Einzig die Stadt München wurde dort genannt.

Da auch keine Handynummer angegeben war, schrieb ich eine Email.

Schon am Abend war die Antwort da: „Wir sind aus Slowakei, bringen den Hunde jedoch nach Deutschland oder Österreich."

Nachtigall, ich hör dir trapsen…

Was folgte, war eine Litanei an Emails. So sehr ich auch versuchte, an den Namen, die Adresse oder eine Telefonnummer zu kommen – ohne Erfolg. Einzig die Namen „Katka" und „Eduard" wurden genannt. Schließlich vereinbarten wir als Treffpunkt einen Parkplatz in München. Nicht weit

von der Autobahn gelegen, bot er zudem Sicht-
schutz durch Büsche und Bäume, den wir dringend benötigten. Denn nicht nur das FOCUS TV-
Team und ich würden dort sein, sondern auch
der Amtsveterinär, die Polizei und der Leiter des
Tierheims München-Riem. Wir mussten auf alles
gefasst und vorbereitet sein.

Und dann endlich: Zum vereinbarten Zeitpunkt
bog ein blauer Opel Vectra mit einer slowakischen Nummer auf den Parkplatz ein, am Steuer
ein junges Pärchen. Sie stiegen aus und begrüß-
ten mich freundlich. Beide machten einen sym-
pathischen und gepflegten Eindruck, also eigentlich nicht das, was man erwartet hätte. Die junge
Frau beugte sich ins Auto. Als sie sich umdreh-
te, hielt sie unseren „bestellten" Mopswelpen in
den Händen. Es war ein Weibchen, beigefarben
und winzig klein. Die Hündin sollte nun plötzlich
400 Euro kosten. Sie blinzelte verwirrt ins Son-
nenlicht. Ihre Pfötchen hingen schlaff hinunter.
„Hund ist nur ein bisschen müde von der Fahrt",
beschwichtigte mich die Frau.

Bevor die Geldübergabe stattfinden konnte, kam
nun der Amtsveterinär ins Spiel. Als er sich als
solcher dem Paar gegenüber zu erkennen gab,
wurde die Frau sichtlich nervös, und sie wurde
kalkweiß im Gesicht. Ihr Lebensgefährte setzte
sich wortlos hinters Steuer. Sie behauptete, der
Welpe sei 10 Wochen alt und geimpft. Der Amtsveterinär mit seiner langjährigen Erfahrung ließ
sich jedoch nicht hinters Licht führen. Er stellte
fest, dass das Hundebaby viel jünger sein musste.
Zudem fehlte die Tollwutimpfung, ohne die der

Hund gar nicht nach Deutschland oder in ein anderes Land hätte eingeführt werden dürfen.

Seine Frage, ob sich noch weitere Hunde im Auto befänden, verneinte die Frau. Der Amtsveterinär öffnete den Kofferraum und stieß auf leere Boxen. Das ließ darauf schließen, dass das Paar nicht nur mit unserem Mops unterwegs gewesen war. Und dann die Überraschung: Unter einem Berg Kleidung auf dem Rücksitz eine weitere Box. Ihr Inhalt: Ein Berner Sennenhund und ein West Highland Terrier. Bei unserem Anblick fing der kleine Sennenhund jämmerlich an zu jaulen, so als würde er spüren, dass er nun endlich seine Qual herausweinen durfte. Alle drei Hunde waren völlig erschöpft und dehydriert. Als erstes versorgten wir sie mit Wasser, denn die Außentemperatur lag bei 30 Grad.

Die Welpen wurden beschlagnahmt und ins Tierheim gebracht, wo sie als erstes untersucht und vorsichtshalber geimpft wurden. Alle drei hatten entzündete Augen und laufende Nasen. Dank des sofortigen Einsatzes konnten die Kleinen später jedoch gesund und munter an gute Plätze vermittelt werden.

Das Welpenschmuggler-Paar erwartete neben dem Verlust des Gewinns eine Strafe von höchstens bis zu 500 Euro. Das wird sie aber sicher nicht davon abhalten, weiterzumachen. Sie sind der Polizei nämlich schon einmal vor laufender Kamera ins Netz gegangen: 2009 erwischte die beiden ein Team vom Bayerischen Fernsehen.

KAPITEL 11

Die Vermehrerfarmen

von Birgitt Thiesmann

Lange war dieser Begriff für mich etwas völlig Abstraktes.

Meinen VIER PFOTEN-Kollegen und mir war natürlich klar, dass die Welpen, die auf den Märkten und im Internet angeboten werden, aus furchtbaren Haltungen kommen müssen.
Das stumpfe Fell, die durch Würmer aufgedunsenen Bäuche und der oftmals unerträgliche Geruch, der von den Welpen ausgeht, sprechen für sich. Doch wie diese Haltungen genau aussehen und wie katastrophal sie wirklich sind, sollte ich erst im dritten Jahr der Kampagne erfahren und endlich auch dokumentieren können.

Nach den zahlreichen Recherchen auf verschiedenen osteuropäischen Welpenmärkten stellte ich mir immer wieder die brennende Frage, wie ich es bewerkstelligen könnte, an die „Quellen" zu kommen. Sollte ich versuchen, einem dieser Händler nach Marktschluss zu folgen? Nein, viel zu gefährlich. In den ländlichen und sehr überschaubaren Gegenden würde es sofort auffallen, wenn sich ein fremdes Auto stundenlang an die Stoßstange des Vorausfahrenden heftet. Nicht zu vergessen: Viele dieser Vermehrer sind alles andere als unbeschriebene Blätter und nicht gerade zimperlich. Auf ihre nähere Bekanntschaft lege ich verständlicherweise keinen großen Wert.

Aber was dann?
Wer kann mir weiterhelfen?

Und dann lernte ich Bea kennen. Sie wandte sich an mich, weil sie sich für Hunde in Polen einsetzt. Mittlerweile hat die zierliche Frau in Eigenregie schon vielen Hunden – insbesondere Dalmatinern – das Leben gerettet und ihnen ein schönes Zuhause verschafft. Bea ist gebürtige Polin, lebt aber schon seit vielen Jahren in Deutschland. Über sie bekam ich schließlich den entscheidenden Kontakt: Gregor, ein polnischer Tierschützer, öffnete mir die Türen zur Unterwelt der Hundemafia. Da er einen eingetragenen Tierschutzverein leitet, kann er als sogenannter „Inspector" Razzien und Beschlagnahmungen durchführen und dazu auf der Stelle Polizei und Amtsveterinäre anfordern. Wir lernten einander 2011 kennen.

Gregor ist ein Bär von einem Mann: Über zwei Meter groß und kräftig gebaut. Allein schon seine Gestalt und sein selbstsicheres Auftreten sind Respekt einflößend. Gregor ist Tierschützer aus Leidenschaft. Wo Hilfe gebraucht wird, ist er zur Stelle, rund um die Uhr.

Seit über einem Jahr hatte er einen Vermehrer im Visier. Dann war es schließlich soweit: Er hatte Beweise genug, ihn endlich hochgehen zu lassen. Zusammen mit dem FOCUS TV-Team machten wir uns auf den Weg. Nach stundenlanger Fahrt hielten wir an einem Waldrand. Wir waren jetzt ganz nahe dran. Und erst im allerletzten Moment verständigte Gregor die Polizei und den Amtsveterinär, um zu vermeiden, dass der Vermehrer irgendwie gewarnt werden könnte. Und obwohl das nicht Gregors erste Beschlagnahmung war, war er aufgeregt.

Er weiß ja nie, was ihn erwartet und wie diese skrupellosen und oft einschlägig vorbestraften Tierquäler reagieren.

Plötzlich tauchte ein Auto mit drei Männern in Zivil darin auf. Es war die Polizei. Weitere Beamte wurden angefordert, das Haus zu umstellen, denn bei dem illegalen Hundezüchter handelte es sich um einen bereits verurteilten Drogenhändler. Wir mussten auf alles gefasst sein.

Jetzt konnte es endlich losgehen. Unser Weg führte uns in den Wald. Nach zweihundert Metern war erst mal Schluss: Endlos aneinandergereihte Steine machten ein Durchkommen fast unmöglich. Je circa 40 Zentimeter hoch und nur wenige Zentimeter breit, muteten sie wie Schienen an, die sich über den Waldweg zogen. Rechts und links nichts als dichtes Gestrüpp. Hier versuchte jemand ganz offensichtlich, ungebetene Besucher fernzuhalten. Es nutzte nichts: Wir mussten da durch – oder besser darüber. Es gab keinen anderen Weg. Zentimeter für Zentimeter tasteten sich die Fahrer mithilfe der anderen über das Hindernis. Wären sie abgerutscht, wäre unsere Expedition hier zu Ende gewesen.

Nach schier endloser Zeit hatten wir es dann endlich geschafft. Noch eine Kurve, und dann fuhren
wir direkt auf das Haus zu. Mitten in der Pampa
gelegen, wirkte es auf den ersten Blick fast idyl-
lisch. Doch schon der zweite Blick offenbarte,
dass von Idylle nicht die Rede sein konnte.

Rund um das bei näherer Betrachtung völlig ver-
nachlässigte Anwesen war ein Zaun gezogen,
hinter dem Hunde aller Rassen und Größen wie
verrückt bellten und wie von Sinnen auf und ab
sprangen. Ohne zu zögern stiegen Gregor und die
Beamten in Zivil aus und gingen auf das Haus zu.
Wir warteten im Auto. Ein junges Paar kam heraus und nach einem kurzen Gespräch öffneten
sie widerstandslos die Tür. Jetzt betraten auch
wir das Grundstück.

Einige der Hunde kamen auf uns zugelaufen, darunter auch Rottweiler und Pitbulls. Wir beteten innerlich, dass keines dieser kräftigen Tiere dazu abgerichtet worden war, ungebetene Gäste fernzuhalten...

Getarnt mit Westen von Gregors Tierschutzverein fielen wir nicht als Ausländer auf. Bedingung war: Wir durften kein Wort sprechen, damit auch die Beamten nicht merkten, dass wir nicht dazu gehörten. Andernfalls könnten wir sofort vom Grundstück verwiesen werden.

Aber sie waren angespannt und lenkten ihre ganze Konzentration auf das Geschehen auf dem Hof, sodass sie uns gar nicht beachteten. Trotzdem wunderte es mich sehr, dass sie nicht gegen die Kamera protestierten, die der FOCUS TV-Kameramann auf seinen Schultern balancierte. Wer weiß, was Gregor ihnen für eine Geschichte aufgetischt hatte!
Für uns war es jedenfalls ein großes Glück und speziell für die VIER PFOTEN-Kampagne ein riesiger Schritt nach vorn: Endlich konnte ich die schrecklichen Zuchtbedingungen der Welpen dokumentieren, die unter falschen Angaben zu Tausenden auf Märkten und im Internet angeboten werden.

Der Züchter, ein junger Mann von vielleicht 25 bis 30 Jahren, verhielt sich auffallend still. Auch seine gleichaltrige Freundin blieb vollkommen ruhig. Es war aber nicht nur das Aufgebot an Polizei, das die beiden einschüchterte. Wie sich später herausstellte, stand der Züchter wegen verschiedener krimineller Delikte schon mit einem Bein im Gefängnis. Widerstand oder Gewalt hätte wahrscheinlich gleich zu seiner Verhaftung geführt.

Wir steuerten den Schuppen gegenüber dem Wohnhaus an. Kaum über die Schwelle getreten, musste ich erst einmal nach Luft schnappen.

Oh mein Gott, dachte ich, hier drin kann man ja kaum atmen!

Ätzender Ammoniakgeruch stieg mir brennend in die Augen und kratzte in meinem Hals. Aber auch ohne dieses giftige Gas, hervorgerufen durch Urin, Exkremente und mangelnde Belüftung, wären mir ungehindert die Tränen in die Augen geschossen. In der Baracke waren unzählige Hunde untergebracht, von denen viele panisch anfingen zu bellen und an den Wänden der Sperrholzverschläge und Plastikkisten auf und ab zu hüpfen.

Andere pressten sich zitternd mit angstgeweiteten Augen in die Ecken oder duckten sich unter unseren Blicken. Den armen Tieren stand das nackte Entsetzen im Gesichtchen.

Was hatten sie hier wohl schon alles erlebt? Die Futternäpfe waren allesamt leer. Auch Wasser gab es nicht. Die letzten Tropfen hatte die vor Schmutz starrende Einstreu aufgesogen, die die Näpfe teilweise bis zur Hälfte füllte.

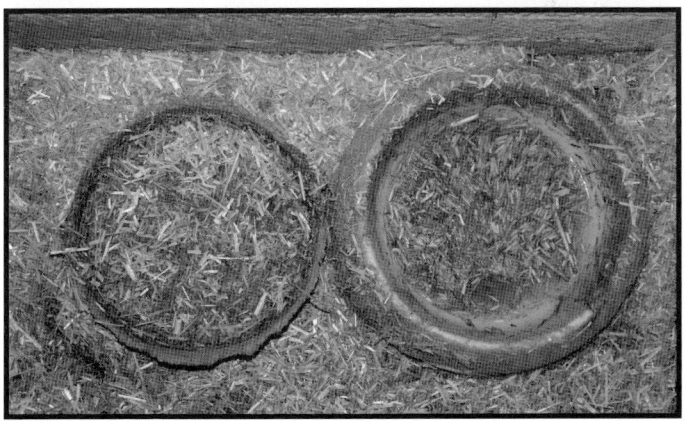

Die kalte Neonbeleuchtung des Verschlages zeigte uns schließlich das ganze Elend: Zusammengepfercht in winzige Boxen kauerten Hundemütter mit riesigem Gesäuge, die uns aus entzündeten Augen anschauten. Welpen jeden Alters lagen regungslos um sie herum.

Es schien, als hätten diese Tiere nicht einmal mehr die Kraft oder den Willen, ihre Jungen zu versorgen. Und dann der Schock: In einer Box ein toter Welpe zwischen seinen – noch – lebenden Geschwistern. Das Tier schien schon vor längerer Zeit verendet zu sein, doch niemand hatte sich die Mühe gemacht, den kleinen Körper zu entfernen.

Und es wurde noch schlimmer. Der Welpe schien gar nicht zu dem Wurf zu gehören. Obwohl noch sehr jung, war er um einiges größer als seine vermeintlichen Brüder und Schwestern. Was hatte er dort zu suchen? Woher kam er? Und wo war seine Mutter?

Eine wacklige Holztreppe führte uns in den zweiten Stock. Eigentlich war es nicht mehr als ein eingezogener Boden aus dünnem Sperrholz. Wir achteten darauf, nicht zu nah beieinander zu stehen, um nicht durch die fragile Decke zu brechen. So direkt unter dem Dach war die Luft noch schneidender. Mir fiel auf, dass es keinerlei Isolation gab – die Dachpfannen lagen frei. Nicht vorzustellen, wie heiß es hier im Sommer sein musste – und wie kalt im Winter.

Spinnenweben hingen in langen, schmutzigen Fäden von der Decke herunter. Und auch hier das gleiche Horrorszenario wie im unteren Bereich: Dicht an dicht reihten sich Sperrholzverschläge und Plastikbehälter, in denen winzige Welpen um ihr Leben kämpften.

Wir trugen die schwächsten von ihnen ganz vorsichtig ins Auto, eingehüllt in warme Tücher. Gregor dokumentierte den Zustand jedes einzelnen Hundes. Es war erschreckend: Die über 200 Tiere waren allesamt krank, sie hatten Milben, Läuse, Würmer, entzündete Augen und waren teilweise so verfilzt, dass sie keinen Kot mehr absetzen konnten. Zwei Welpen starben vor unseren Augen. Was mochten sie durchgemacht haben, an welchen schlimmen Krankheiten litten die Tiere wohl noch? Einen Tierarzt hatten sie bestimmt noch nie gesehen, dafür lagen jedoch überall gebrauchte Spritzen und verstaubte Flaschen mit Medikamenten herum. Was war das für ein Zeug, das der Vermehrer den armen Hunden scheinbar eigenhändig verabreichte?

Ich vermutete, dass es sich dabei um Cortison, Antibiotika und Aufbaumittel handelte, um die Welpen so weit stabil zu halten, damit sie ihre Reise ins Ungewisse antreten und den Händlern den so heißbegehrten Gewinn bringen konnten. In einem weiteren Schuppen entdeckten wir noch mehr Welpen. Zwischen Müll und alten Säcken sahen auch sie uns mit ihren traurigen, trüben Augen entgegen.

Es dauerte bis in die frühen Morgenstunden, bis

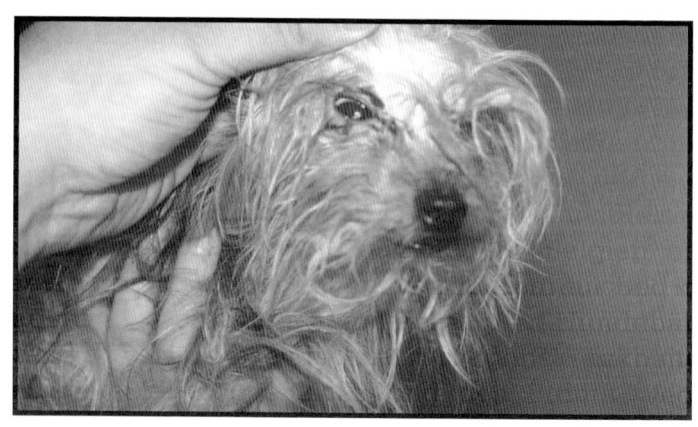

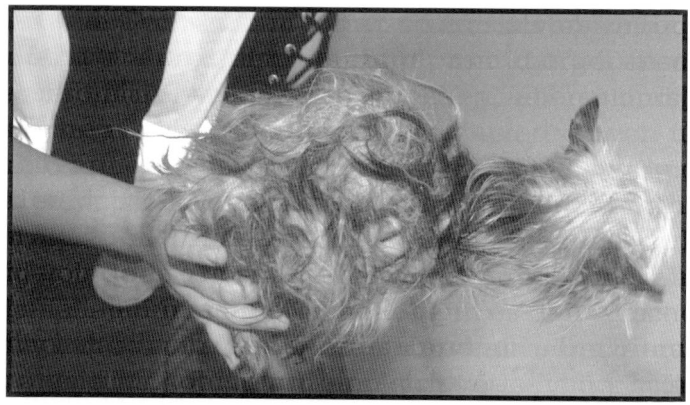

alles dokumentiert war. Wie es mit dem illegalen Züchter weitergehen würde, würde ein Gerichtsverfahren zeigen. In dieser Nacht nahmen wir erst einmal die Hunde mit, denen es am schlechtesten ging. Kurz darauf wurden auch die anderen Vierbeiner aus dieser Hölle befreit. Mit der finanziellen Unterstützung von VIER PFOTEN kümmerten sich Gregor und sein Verein darum, dass die beschlagnahmten Tiere ärztlich versorgt und aufgepäppelt wurden.

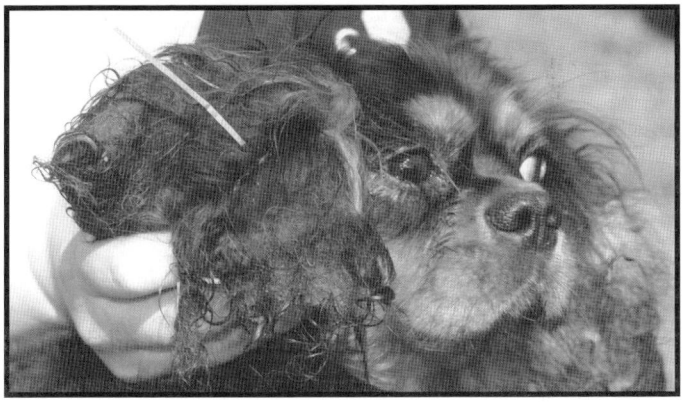

Leider dürfen sie jedoch erst dann vermittelt werden, wenn dem Vermehrer die Hunde durch das Gericht entzogen wurden. Das kann bis zu zwei Jahren dauern. Aber noch schlimmer: Korruption ist an der Tagesordnung, und nicht selten bekommt so ein Tierquäler die Hunde einfach, nachdem sie aufgepäppelt und gerettet wurden, wieder zurück.

KAPITEL 12

Korruption:
Der Kampf gegen Windmühlen

von Birgitt Thiesmann

Heimlich, still und leise und ohne jede Vorwarnung war es plötzlich da: Das neue Tierschutzgesetz in Polen. Nach anfänglichem Unglauben und Zweifel hielten wir es bei VIER PFOTEN schließlich in den Händen. Allerdings verstand niemand den Inhalt. Dieses Gesetz gab es nur auf Polnisch. Also musste erst einmal ein professioneller Übersetzer gefunden werden, der vor allem auch Jurist war. Ein falsch übersetzter Gesetzestext kann unter Umständen Kriege auslösen – und das wollten wir auf jeden Fall vermeiden.

Schon bevor das corpus delicti schließlich und endlich in englischer Sprache vorlag, kamen die wichtigen Neuerungen und Änderungen ans Tageslicht: Vom 1.1.2012 an durften keine Hunde mehr auf öffentlichen Plätzen angeboten und verkauft werden. Die Züchter brauchten von nun an eine Lizenz und durften die Hunde nur noch an ihrem Abstammungs- oder Aufzuchtsort verkaufen. Endlich!
Das polnische Tierschutzgesetz machte den Welpenhändlern einen Strich durch die Rechnung. Einige gaben daraufhin den illegalen Handel aus Angst vor Strafen sofort auf. Doch viele andere

suchten sich ein neues Betätigungsfeld. Sie mieden fortan die Märkte und boten ihre Hunde nur noch über das Internet an. Und wieder andere setzten sich über die neuen Vorschriften einfach hinweg und machten weiter wie bisher.

Ich konnte es nicht glauben.

Unmittelbar nach dem Erscheinen des Gesetzes sollten die Welpenhändler bereits wieder – oder sogar immer noch? – auf dem Markt in Slubice stehen. Zur gleichen Zeit meldete sich das Norwegische Fernsehen bei mir. Für eine preisgekrönte und sehr populäre Serie sollte ein Beitrag zum illegalen Welpenhandel gedreht werden. Denn auch in Norwegen tauchten plötzlich Hunde aus Osteuropa auf – zu jung, ungeimpft und meistens todkrank. Das Team war von meinem Vorschlag, nach Slubice zu fahren, begeistert.

Im Land der Trolle und Feen würden solche Bilder einschlagen wie eine Bombe und die ahnungslose Bevölkerung wachrütteln. Also nichts wie hin. Aber würden die Händler wirklich dort sein, oder handelte es sich bei der Information doch nur um ein Gerücht?

Kaum in Frankfurt/Oder angekommen, machten wir uns gleich in Richtung Markt auf, obwohl wir erst am nächsten Morgen – einem Samstag – drehen wollten. Und obwohl es schon spät war und die Marktleute bereits ihre Stände abbauten, sahen wir sie: Auf dem großen Parkplatz standen wieder Autos mit geöffneten Kofferräumen, aus denen winzige Hundeköpfchen lugten. Unfassbar.

Die Händler machten sich nicht einmal die Mühe, die Welpen zu verbergen. Das konnte nur bedeuten: Keine Kontrollen, keine Angst vor Strafen.

Am nächsten Morgen fuhren wir schon früh zum Markt. Es herrschte bereits ringsum reges Treiben. Von allen Seiten strömte der Verkehr in Richtung Markt, und auf der Brücke zwischen Frankfurt/Oder und Slubice drängten sich die Leute in Scharen. Kein Wunder: Nirgendwo konnte man bessere Schnäppchen ergattern als auf dem Polenmarkt. Neben Lebensmitteln, Zigaretten, Alkohol und Klamotten gab es hier Frisierstuben, falsche Fingernägel und ... Billighunde.

Um kein Aufsehen zu erregen, suchten wir uns einen abgelegenen Weg, um dort die versteckten Kameras anzubringen. Wir waren gerade dabei, uns gegenseitig zu verkabeln, als plötzlich ein Polizeiauto neben uns hielt. Sie wollten wissen, was wir da tun. Die beiden norwegischen Journalisten zeigten ihre Ausweise und behaupteten, sie wollten eine Dokumentation über den Markt drehen. Misstrauisch umkreisten die Beamten unser Auto und fuhren schließlich davon. Bald würden sie wissen, warum wir wirklich da waren.

Denn natürlich war auch Gregor bereits verständigt. Ohne ihn ging einfach nichts. Andernfalls würden wir höchstens ein paar verwackelte Bilder von den Welpenhändlern einfangen können. Doch wir wollten viel mehr, denn jetzt hatten wir eine Handhabe. Unser Plan: Sobald die Händler dort auftauchten, würde Gregor die Polizei verständigen und die Norweger die große Kamera herausholen. Zuerst hieß es aber, erst einmal die Lage zu checken.

Es war mal wieder gar nicht so leicht, einen Platz zu finden, wo wir noch eine Weile unentdeckt die Lage beobachten konnten. Schließlich wurden wir jedoch fündig. Das technische Equipment war so verstaut, dass von außen niemand etwas Verdächtiges entdecken konnte. Kaum ausgestiegen, stießen wir schon auf den ersten Händler, der winzige Hunde verschiedener Rassen aus dem offenen Kofferraum heraus anbot.

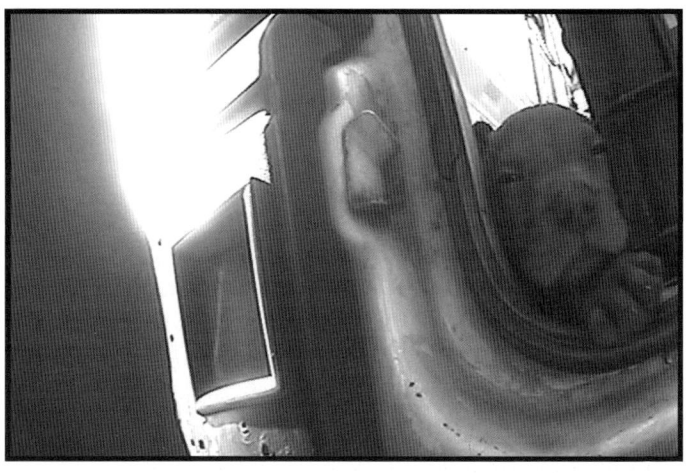

Dreißig Euro sollten die Kleinen kosten.
Obwohl ich mich seit Jahren unablässig mit dem illegalen Welpenhandel beschäftige und schon so viel gesehen habe, geht es mir immer wieder unglaublich an die Nieren, diese armen Geschöpfe in ihrem Elend hautnah zu erleben. Am liebsten würde ich diesen skrupellosen Typen manchmal an die Gurgel springen – und ich bin bestimmt kein gewalttätiger Mensch oder eine militante Tierschützerin. Stattdessen heißt es, gute Miene

zum bösen Spiel zu machen und sich so unauffäl-
lig wie möglich zu verhalten. Das galt ganz besonders auch für unsere „Mission". Also schlender-
ten wir wie harmlose Touristen über den Markt.
Und dann – BINGO. Mir bot sich das inzwischen
vertraute Bild, so, als hätte sich jemand die Idee
mit dem neuen Gesetz nur ausgedacht: Dicht an
dicht standen dort Männer und Frauen mit Pappkartons, Körben und Käfigen voller Welpen.

Interessiert, aber nicht zu offensichtlich, schauten wir hier, da und dort hinein, nahmen Welpen
entgehen und „verhandelten" Preise. Und dann –
ohne erkennbaren Grund – schlug die Stimmung
plötzlich um. Eine Händlerin blickte uns aus
feindseligen Augen an und breitete hastig eine
Decke über ihren Korb mit den Welpen. Wie eine

Welle breitete sich diese seltsame Spannung aus. Die Blicke aus unzähligen Augen schienen uns zu durchbohren. Obwohl kein Wort gesprochen wurde, war ganz klar, dass es nun höchste Zeit wurde, die Polizei zu rufen.

Gregor, der sich bis dahin unsichtbar im Hintergrund gehalten hatte, leistete mal wieder ganze Arbeit: Zehn Minuten später tauchte er mit seiner Respekt einflößenden Gestalt auf, im „Schlepptau" einen Polizeibus mit mehreren Beamten. Bei ihrem Erscheinen kam plötzlich Bewegung in die Menge. Hastig verstauten sämtliche Händler ihre „Ware" und suchten fluchtartig das Weite. Unter anderem auch die Frau, die uns zuvor so feindselig angefunkelt hatte. Nur mit Mühe konnten die Beamten die Händlerin wieder einfangen: Ihre Nachbarin, die ebenfalls in heller Panik davongestoben war, blieb verschwunden. Doch sie hatte einen Pappkarton mit vier winzigen Hündchen zurückgelassen.

Der Tumult war unbeschreiblich, und die Beamten forderten einen zweiten Bus an. Trotzdem war ihre „Ausbeute" ziemlich mager: Mit „unserer" Händlerin war ihnen lediglich noch eine weitere Frau ins Netz gegangen. Und dass das wohl kein Zufall war, sollten wir erst später realisieren...

Ziemlich widerwillig nahmen die Beamten die Personalien der beiden Frauen auf. Eine von ihnen fing an, lauthals zu klagen, dass ihr Haus abgebrannt wäre und ihr Mann tot sei. Und sie würde doch nichts Unrechtes tun. Die Hündchen seien gesund und geimpft und würden ihr dabei helfen, zu überleben. *Gut, dass ich das alles nicht verstanden hatte und Gregor mir erst später die Übersetzung lieferte.*

Es mag sich einfältig anhören, aber sie war so überzeugend verzweifelt, dass ich die Geschichte glatt geglaubt hätte. Tja, man lernt halt nie aus. Und nicht nur damit hatte ich einen weiteren Beweis für die Hinterhältigkeit und die Skrupellosigkeit dieser Leute.

Kaum hatte der norwegische Kameramann die große Kamera auf der Schulter und fing an, die Szene zu filmen, wurde die Frau plötzlich vom Klageweib zur Furie. Zuerst ging sie auf ihn los und dann auf mich. Mit schriller Stimme stürmte sie auf mich zu und stieß mich mit harten Faustschlägen immer wieder gegen die Schulter. Speichel sprühte dabei aus ihrem Mund, und sie wurde immer wilder. Keine Ahnung, was passiert wäre, hätte einer der Polizisten sie nicht mit barschen Worten und einem harten Griff am Arm zur Räson gebracht. Als ich den Beamten dankbar anlächelte, verzog er nur verächtlich den Mund und bedachte mich mit einem dieser feindseligen Blicke, die mir mittlerweile schon vertraut waren. Was sollte das bedeuten...?

Während die Razzia in vollem Gange war, wurden wir von allen Seiten mit Handys fotografiert und gefilmt. So schnell werde ich mich da wohl nicht mehr sehen lassen können.

Schließlich und endlich landeten wir alle auf der Polizeiwache in Slubice. Und dann der Schock: Die Beamten weigerten sich, eine Anzeige gegen

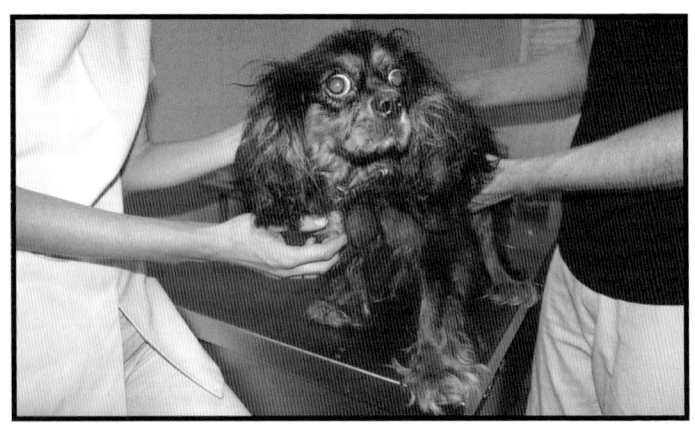

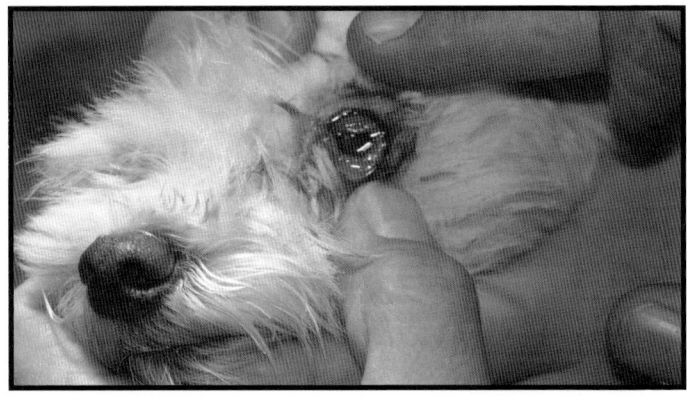

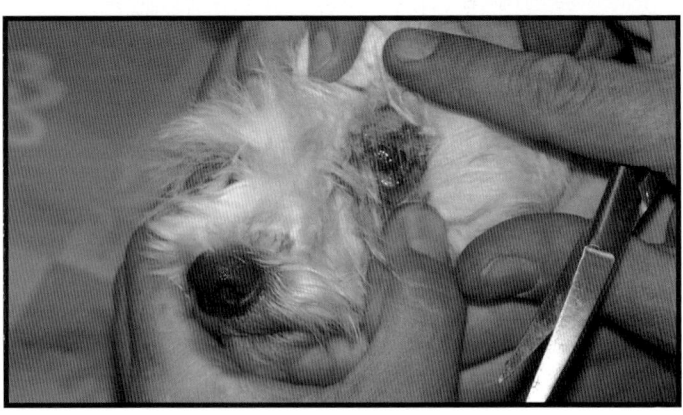

die beiden Frauen aufzunehmen. Und nicht nur das: Sie wollten ihnen sogar die von Gregor beschlagnahmten Hunde zurückgeben! Wieder gab es eine lautstarke Diskussion, Geschrei und Tränen. Und mittendrin acht Welpen, die gierig das Wasser schlabberten, das wir ihnen hinstellten, und die vor Angst auf den Boden der Polizeistation pinkelten.

Auch jetzt war es wieder mal Gregor zu verdanken, dass die Hunde nicht an die Frauen zurückgegeben wurden. Aber eine Anzeige gegen sie gab es trotzdem nicht. Die Beamten weigerten sich strikt.
So chaotisch und kriminell es dort auch abging: Das neue Tierschutzgesetz ist ein unglaublicher Fortschritt. Vielleicht braucht es einfach eine gewisse Zeit, bis auch die letzten Welpenhändler, Beamten und Behörden begriffen haben, dass sie nicht mehr – wie bisher – agieren können, wie sie wollen. Und dass sie mit ihrem Verhalten im Fokus der Öffentlichkeit stehen.

Leider fand die Geschichte auch für die Welpen kein gutes Ende: Vier von ihnen starben trotz intensiver ärztlicher Bemühungen. Sie waren an Parvovirose erkrankt. Eigentlich völlig unmöglich: In den Impfpässen der qualvoll gestorbenen Hundebabys waren die entsprechenden Impfungen gegen diese tödliche Krankheit „offiziell" vermerkt.

Doch wer nun glaubt, dass gefälschte Impfpässe alleinige Sache der osteuropäischen Hundemafia ist, irrt. Es geht nämlich sogar noch schlimmer...

KAPITEL 13

Birgitt Thiesmann und Dipl. Tierarzt Gasperl in Wien

von Birgitt Thiesmann

Dipl. Tierarzt Martin Gasperl lernte ich im Laufe einer Recherche in Bezug auf die ungarische Hundemafia kennen. Er ist Tierarzt mit Leib und Seele und hat seine Praxis in Wien. So ungewöhnlich seine Erscheinung, so ungewöhnlich ist auch sein Einsatz für die Tiere. Der urige Typ mit dem eindrucksvollen grauen Bart lässt sich von nichts und niemandem einschüchtern, wenn es um seine geliebten Vierbeiner geht.

Wir saßen gemütlich in dem wild bewachsenen Innenhof seiner Praxis, tranken Kaffee und tauschten gerade unsere Erfahrungen aus, als er mir etwas zeigte, was ich vorher nie gedacht hatte, dass ich es in solcher Fülle zu sehen bekomme: In seinem Tresor hatte er sämtliche Arten gefälschter Impfpässe – aber nicht nur welche aus den Ostblockstaaten, nein, leider auch solche, die von deutschen und österreichischen Tierärzten ausgestellt worden waren.

Und wie ich inzwischen weiß, ist das keine Seltenheit. Immer wieder kommt es vor, dass Tierärzte und Amtsveterinäre die Augen zumachen – oder schlimmer noch – aktiv im illegalen Hundehandel mitmischen.

Natürlich sind das Ausnahmen, und wie überall gibt es auch hier schwarze Schafe.

KAPITEL 14

Christopher Posch – auch ich traf diesen engagierten Tierarzt

Auf Empfehlung von Birgitt Thiesmann traf ich in Wien einen bemerkenswerten Menschen: Den Dipl.-Tierarzt Martin Gasperl, der sich seit Jahren gegen die Machenschaften skrupelloser Welpenhändler engagiert.

Bei unserem Treffen erzählte mir Herr Dipl.-Tierarzt Gasperl von seinen Erfahrungen und seiner nicht ungefährlichen Arbeit. Aus rechtlichen Gründen wurden in der Niederschrift seiner Schilderung Änderungen vorgenommen, die eine Identifizierung der genannten Personen unmöglich machen.

„Seit ich meine Tierarztpraxis führe, steht bei mir der Tierschutzgedanke an oberster Stelle. Bald fiel mir an meinen Patienten auf, dass kranke Welpen mit blutigem Durchfall, der leider oft tödlich endete, immer aus derselben Tierhandlung xxx stammten. Auch fiel mir auf, dass diese Tiere einen Impfpass hatten, der immer vom selben Tierarzt ausgestellt war, und in diesen Pässen fehlte die Nationalität des Tieres, das bedeutet, den Pass könnte ich jedem Welpen mitgeben, es waren Blanko-Impfpässe.
Also war eine Impfung des betreffenden Welpen gar nicht nachweisbar.

Als ich diese Beobachtung der Tierärztekammer mitteilte, war die Antwort, sie könnten nur dann etwas unternehmen, wenn ich Beweise auf den Tisch lege.

So begab ich mich als Interessent in die besagte Tierhandlung, damals war ich in diesen Kreisen noch nicht bekannt, und fand vor Ort etwa 20 Welpen in Badewannen, auf ungarischen Zeitungen gelagert, und auf die Frage nach Impfungen zeigte mir xxx einen ganzen Stapel von Blanko-Impfpässen.

Unter dem Vorwand meine Frau anzurufen, ging ich vor das Geschäft und rief die Polizei.
Die stellten diese Dokumente sicher, und wir zeigten den Tierarzt und xxx an.
Nun musste die Tierärztekammer aktiv werden.
Der Tierarzt wurde tatsächlich wegen gewerbsmäßigen Betrugs verurteilt und kam vor die Disziplinarkommission.
Nun kontaktierte mich auch Chefinspektor Tomanek von der Zollfahndung, und sagte, er beobachte schon länger, dass xxx illegal Hunde aus Ungarn und der Slowakei importiere.

Bei weiterer Beobachtung fanden wir einen Bauernhof bei xxx, der angeblich als Zuchtstation diente.
Dorthin brachten allerdings Kleintransporter die Welpen, viel zu jung und ungeimpft aus dem Osten.
Da wir sahen, wie viel Geld mit diesem Welpenhandel gemacht wird und dass es eine Organisation mit der Mitarbeit von Tierärzten und Amtstierärzten ist, kam der Begriff WELPENMAFIA auf.

Bald wurden diese Machenschaften in den Medien öffentlich, was allerdings zur Folge hatte, dass es viele Nachahmungstäter gab, weil die auf diesem Wege erfuhren, wie hoch die Handelsspanne war und wie leicht man ohne selbst arbeiten zu müssen, Geld verdienen kann.

Auch die Politik wurde aufmerksam, es wurde das Tierschutzgesetz so geändert, dass der Verkauf von Welpen in Tierhandlungen verboten wurde. Die xxx Tierhandlung wurde zwar geschlossen, die Räumlichkeiten dienen aber immer noch dem Welpenhandel!

Dieses Gesetz wiederum hatte zur Folge, dass das Geschäft in den Untergrund wanderte und dank Internet komplett außer Kontrolle geriet.
Als dann noch die Ostgrenzen geöffnet wurden, war selbst die Zollfahndung machtlos.

Xxx vermehrt nun öffentlich in einer fensterlosen Halle unzählige Welpen mit Fantasienamen wie MINI-YORKIES, MINI-MALTESER etc.
Die Impfpässe sind nun sogar von einem Amtstierarzt gestempelt.

Für mich ist es Tierquälerei, weil die Käufer der Meinung sind, die Welpen wären geimpft. Und im Kaufvertrag steht, es gibt nur eine Garantie für das Tier, wenn ein bestimmter Tierarzt, der natürlich eingeweiht ist, aufgesucht wird, falls der Hund erkranken sollte.
Der Kampf gegen Windmühlen ist für mich natürlich frustrierend, nicht geschäftsfördernd, und von vielen Kollegen werde ich deswegen auch angefeindet.
So wollte man mich vor die Disziplinarkommission zitieren, weil ich im Fernsehen live und öffentlich behauptet hatte, dass bei dieser Mafia auch österrei-

chische TierärztInnen mitarbeiten, was ich allerdings anhand von sichergestellten Impfpässen beweisen konnte.

Trotz des frustrierenden Erfolgs werde ich meinen Weg weiter gehen und freue mich, wenn durch unsere Aufklärung diese tierquälerischen Machenschaften ein wenig verhindert werden.

Da ist noch ein Thema, das ich auch einbringen wollte: Unter dem Deckmantel des Tierschutzes, angeblich geholt von Tötungsstationen etc., werden hunderte Hunde, teilweise auch krank und mit Seuchen behaftet, importiert, in Österreich weiterverbreitet und für eine hohe „Schutzgebühr" weitergegeben, sprich: verkauft.

So auch von Frau xxx, deren Geschichte man sogar in diversen Zeitungen lesen konnte. Ein Dorn im Auge ist mir seit Jahren ebenfalls, dass täglich Hunde verschiedenster Mini-Rassen zu einem Schnäppchenpreis inseriert werden, woran man sofort erkennen kann, dass die Kleinen von keiner offiziellen Zucht abstammen können. Klein sind die doch nur, weil sie viel zu früh der Mutter weggenommen werden!

Genau das ist auch ein Grund, warum wir den Begriff WELPENMAFIA verwenden: Weil ohne Rücksicht auf die armen Hunde viel Geld gescheffelt wird, und weil leider auch sogar offizielle Behörden involviert sind und diese Geschäfte und Machenschaften decken!
So deckt (wie immer man das verstehen will) ein österreichischer Amtstierarzt die krummen Geschäfte. Er stempelt und manipuliert Impfpässe und legalisiert so den Verkauf dieser todkranken Welpen."

Wie zur Bestätigung zog Dipl.-Tierarzt Gasperl einen ganzen Stapel gefälschter Impfpässe und Europäischer Heimtierausweise aus seinem Tresor, die ihm im Laufe der Zeit in seiner Praxis von gutgläubigen Hundehaltern vorgelegt wurden.

Beim Durchblättern der Dokumente wirkte für mich als Laien auf den ersten Blick alles korrekt und in Ordnung, aber bei genauem Hinsehen offenbarten sich die Mängel. In den meisten der Pässe waren zwar Impfungen bestätigt, jedoch fehlten alle Angaben zu dem Hund, bei dem diese Impfungen angeblich vorgenommen wurden, weder Name, noch Rasse, Geburtsdatum, Herkunft oder Geschlecht wurden eingetragen.
Ein solcher Impfpass kann natürlich jedem beliebigen Welpen, ob Dogge oder Pinscher, ob Rüde oder Hündin, mitgegeben werden, und das ist genauso beabsichtigt.

Es gebe Fälle, in denen sogar Tierärzte solche Blankoausweise ausfüllten und stempelten, erläuterte mir Fachmann Gasperl, allerdings könne sich jeder einen Stempel machen lassen, ohne Veterinär zu sein, und die Pässe und die angeblichen Impfungen dann einfach selber abstempeln. Wichtig sei, dass für den Käufer alles amtlich und korrekt aussehe. Der Name des Hundes und die weiteren Angaben würden erst eingetragen, wenn der Welpe verkauft ist.

In einem slowenischen Impfpass fanden sich Stempel eines angeblichen Tierarztes, in den Feldern daneben war aber keine Impfung eingetragen. Das mache dann nachträglich der Händler, erklärt Gasperl, meist handschriftlich, was bereits verdächtig ist. Denn richtig sei, dass der impfende Tierarzt den Aufkleber mit der genauen Bezeichnung des Impfstoffs von der Ampulle abzieht und ihn in den Impfpass einklebt.

In den allermeisten Fällen seien die Welpen aber trotz Impfpass in Wahrheit überhaupt nicht geimpft, schimpft Dipl.-Tierarzt Gasperl, denn die Impfungen schmälerten schließlich den Profit des Händlers. Wer einen solchen Welpen erwerbe, hole sich nicht nur den Tod des Hundes, sondern auch gleich ein ganzes Bündel auch für den Menschen gefährlicher Krankheiten ins Haus.

Nachfolgend einige Beispiele, wie diese gefälschten Tierpässe aussehen:

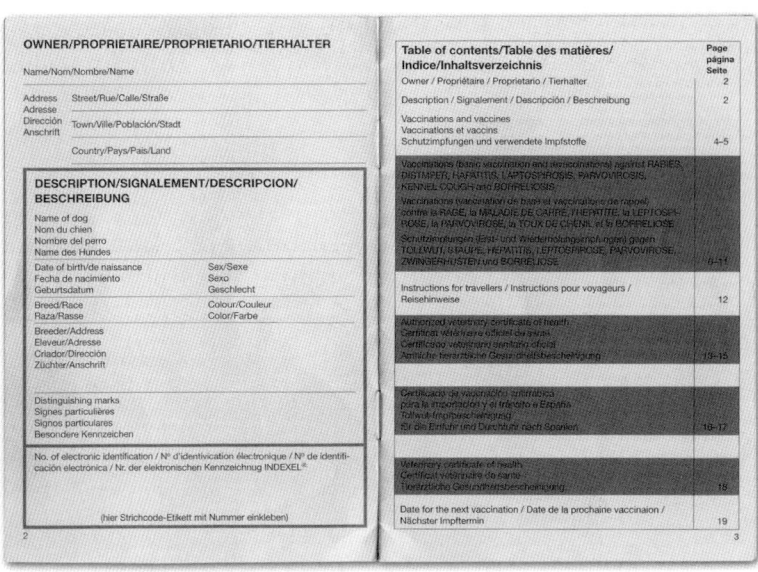

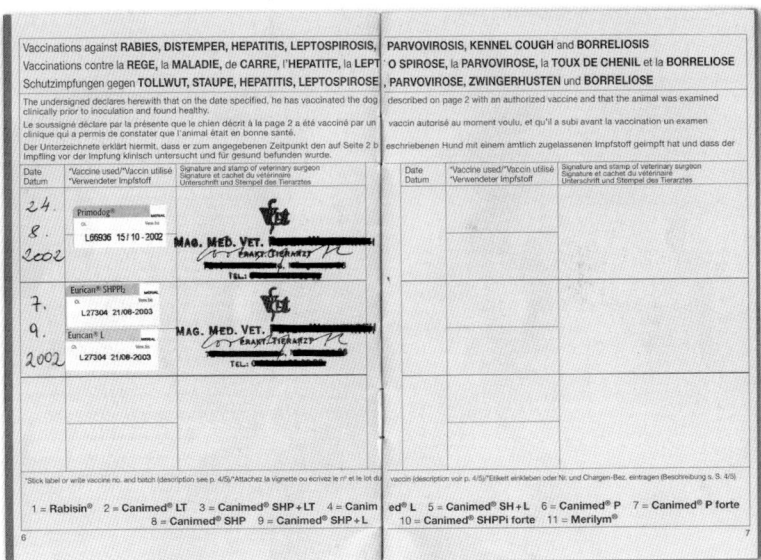

Dieser Impfpass könnte jedem Hund „mitgegeben" werden,
denn in der Beschreibung steht kein tierärztlicher Eintrag.

In diesem Pass hat sich offenbar ein Kind verewigt und trotzdem wurde einem Welpenkäufer dieses Dokument als offizielles ausgehändigt!

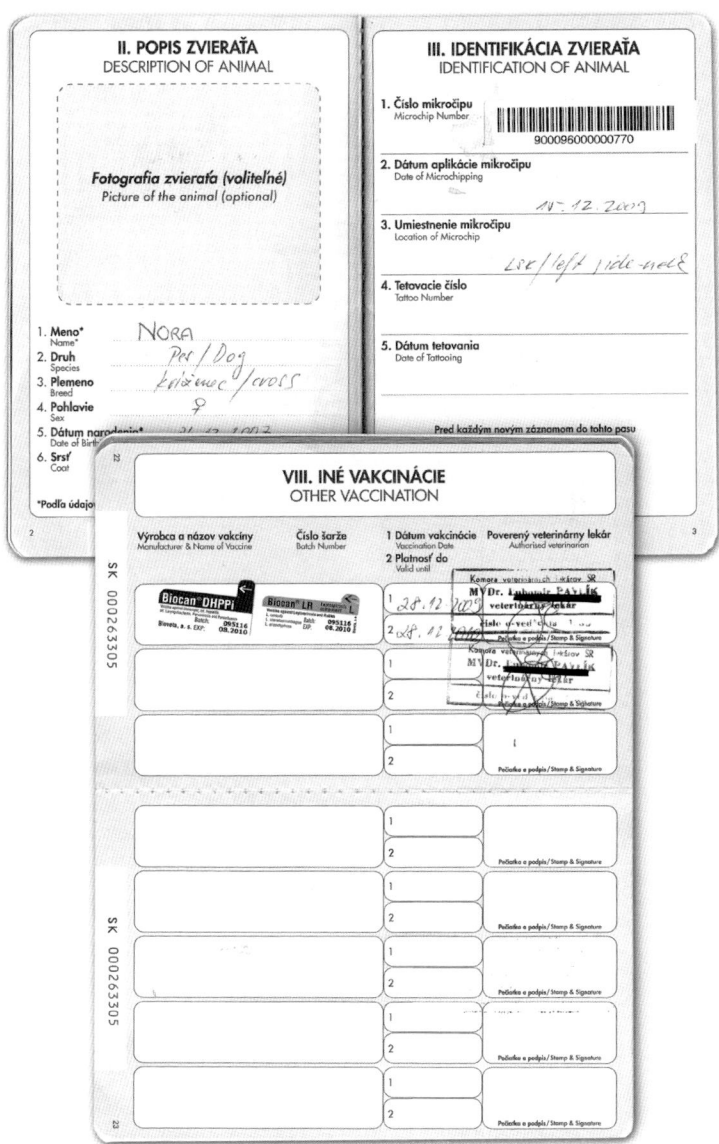

II. POPIS ZVIERAŤA
DESCRIPTION OF ANIMAL

Fotografia zvieraťa (voliteľné)
Picture of the animal (optional)

1. **Meno*** Name* NORA
2. **Druh** Species Pes / Dog
3. **Plemeno** Breed kríženec /cross
4. **Pohlavie** Sex ♀
5. **Dátum narodenia*** Date of Birth
6. **Srsť** Coat

*Podľa údajov

2

III. IDENTIFIKÁCIA ZVIERAŤA
IDENTIFICATION OF ANIMAL

1. **Číslo mikročipu** Microchip Number 900096000000770

2. **Dátum aplikácie mikročipu** Date of Microchipping 14. 12. 2009

3. **Umiestnenie mikročipu** Location of Microchip left / left / side-neck

4. **Tetovacie číslo** Tattoo Number

5. **Dátum tetovania** Date of Tattooing

Pred každým novým záznamom do tohto pasu

3

VIII. INÉ VAKCINÁCIE
OTHER VACCINATION

SK 000263305

SK 000263305

Výrobca a názov vakcíny Manufacturer & Name of Vaccine	Číslo šarže Batch Number	1 Dátum vakcinácie Vaccination Date / 2 Platnosť do Valid until	Poverený veterinárny lekár Authorised veterinarian
Biocan DHPPi	Biocan LR	1 28.12.2009 / 2 28.12.	Komora veterinárnych lekárov SR MVDr. Ľubomír PAVLÍK veterinárny lekár číslo o-ved... Pečiatka a podpis / Stamp & Signature
		1 / 2	Komora veterinárnych lekárov SR MVDr. Ľubomír PAVLÍK veterinárny lekár Pečiatka a podpis / Stamp & Signature
		1 / 2	
		1 / 2	Pečiatka a podpis / Stamp & Signature
		1 / 2	Pečiatka a podpis / Stamp & Signature
		1 / 2	Pečiatka a podpis / Stamp & Signature
		1 / 2	Pečiatka a podpis / Stamp & Signature

23

Hier wurde zwar korrekt der Eintrag für den Welpen getätigt, nur wurde der Einfachheit halber der Stempel für die nächste Impfung gleich mitgestempelt – ohne sonstige Einträge wie Datum, Art der Spritze etc.

93

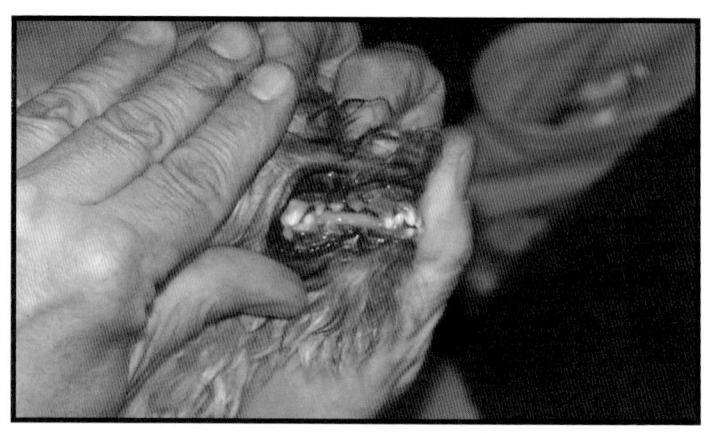

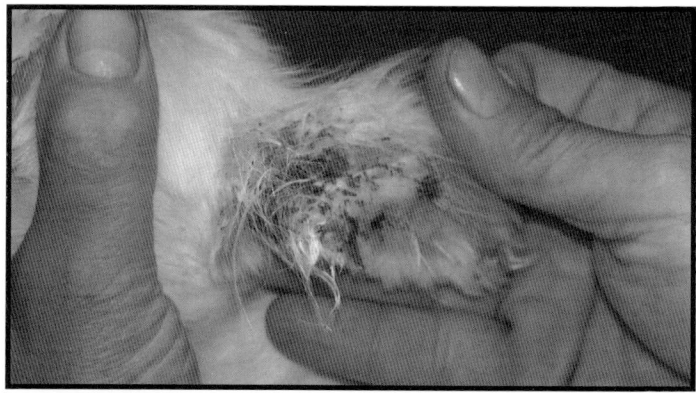

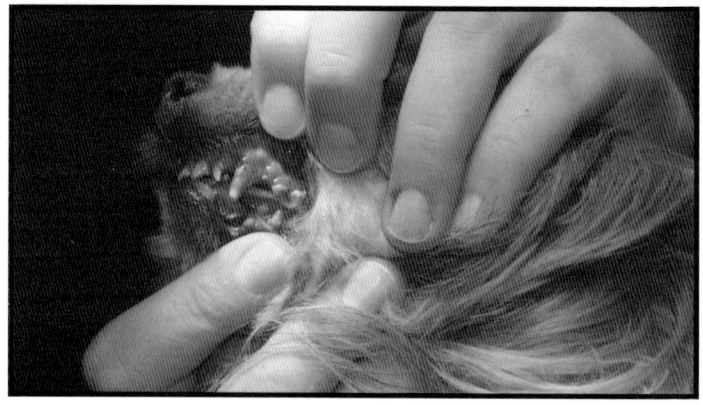

KAPITEL 15

Gefährliche und tödliche Hundekrankheiten

Das Leid der Hunde und die Skrupellosigkeit der Händler ließ mich einfach nicht mehr los.

Ich erkundigte mich daher ganz genau, woran die Hunde aus diesen Vermehrerstationen erkranken können und ob diese Krankheiten auch für den Menschen gefährlich sind.

Kaum nachgefragt, bekam ich schon die erste Hiobsbotschaft:

Wie der Mensch ist auch der Hund mannigfaltigen, teilweise lebensbedrohlichen Krankheiten ausgesetzt, die zum Teil sogar auf den Menschen übertragbar sind – sogenannte **Zoonosen** – und für ihn gefährlich werden können.

Eine Grundimmunisierung des Welpen und lebenslange wiederkehrende jährliche Auffrischungsimpfungen sind daher unerlässlich, und jeder verantwortungsbewusste Hundehalter sollte zur Erhaltung der Gesundheit und des Lebens seines Vierbeiners peinlich genau auf die Einhaltung der Impftermine achten.

Außerdem können Hunde von einer Vielzahl verschiedener **Parasiten** befallen werden, die entweder im Körper (Endoparasiten) oder auf der Haut oder im Fell des Hundes (Ektoparasiten) existieren.

Die Staupe, eine Viruserkrankung, befällt vor allem junge Hunde bis zu einem Alter von sechs Monaten. Symptome sind Durchfall und Erbrechen, außerdem Niesen, Husten und Atemnot, verbunden mit starkem Nasenausfluss. Eine Behandlung mit Antibiotika kann erfolgreich sein, befällt der Virus aber zusätzlich das Nervensystem, verläuft die Staupe meist tödlich.

Die bekannteste Hundekrankheit ist wohl die **Tollwut**, eine Gehirnentzündung, die durch einen Virus hervorgerufen wird, und die ohne vorherige Schutzimpfung beim Hund regelmäßig tödlich verläuft. Tollwut wird durch Biss übertragen, durch den infizierter Speichel in die Wunde und damit in die Blutbahn gerät. Bekanntestes Symptom ist der Schaum vor dem Maul, weitere Anzeichen sind Aggressivität und Bissigkeit, im späteren Stadium Lähmungserscheinungen. Eine Heilung ist nicht möglich. Wird ein Mensch von einem infizierten Tier (meist Hund, Katze, Frettchen, aber auch Fuchs, Dachs oder Fledermaus) gebissen, kann eine schnelle Impfung Hilfe bringen, der Erfolg ist aber nicht garantiert. Auch wenn die Tollwut inzwischen in vielen Gebieten – auch in Deutschland – als ausgerottet gilt, darf nicht vergessen werden, dass dieser Erfolg neben der Köderimpfung bei Füchsen auch und gerade auf die konsequente Schutzimpfung von Hunden zurückzuführen ist.

Von der **Parvovirose** sind vor allem Welpen befallen, aber auch alte Hunde. Die Krankheit äußert sich durch Dehydrierung, Erbrechen und Kraftlosigkeit sowie durch blutige Durchfälle, wobei der Kot stark mit dem Virus durchsetzt und daher hoch ansteckend ist. Eine Behandlung nach Infektion ist aufwendig, in den meisten Fällen tritt innerhalb weniger Tage der Tod ein.

Die **Leptospirose** ist eine durch Bakterien hervorgerufene, meldepflichtige Infektionskrankheit, die auch auf den Menschen übertragen werden kann. Der Erreger wird mit dem Urin ausgeschieden, eine Ansteckung erfolgt über die Schleimhaut durch Aufnahme infizierten Wassers. Anzeichen sind Fressunlust, Fieber und Erbrechen, später auch Abgeschlagenheit und Blutungen im Darm und aus der Maulschleimhaut. Eine Behandlung erfolgt mittels Antibiotika, allerdings kann die Krankheit bei nicht geimpften Welpen unter sechs Monaten tödlich verlaufen.

HCC, eine spezielle Hepatitis (Leberentzündung) beim Hund, wird durch einen Virus hervorgerufen und beginnt recht unspektakulär mit Fieber, Erbrechen und Mattigkeit. Später kommen Durchfälle, Blutungen und Entzündungen innerer Organe hinzu. Eine tierärztliche Behandlung ist in den wenigsten Fällen erfolgreich, insbesondere bei Welpen ist der Krankheitsverlauf nahezu regelmäßig tödlich.

Heißt es, ein Hund habe „**Würmer**", dann handelt es sich um Endoparasiten, die im Dick- und Dünndarm des Hundes leben und dem Körper Nährstoffe entziehen. Hunde nehmen die Wurmeier draußen durch Schnüffeln oder Lecken, meist am Kot anderer Hunde, auf und verschlucken sie. Die erwachsenen Würmer – Bandwürmer können mehrere Meter lang werden – legen Eier, die mit dem Kot ausgeschieden und auf diese Weise weiterverbreitet werden. Wurmbefall äußert sich beim Hund durch unbändigen Appetit bei gleichzeitiger Gewichtsabnahme, ein struppiges Fell und einen aufgeblähten „Wurmbauch", manchmal sind auch die Gliederteile des Bandwurms im Kot zu erkennen. Spätestens beim Auftreten dieser Symptome ist eine Wurmkur fällig, die aber nicht vorbeugend wirkt wie etwa eine Impfung, sondern nur akut die im Darm befindlichen Würmer abtötet. Bereits nach 24 Stunden ist eine Neuinfektion durch erneute Aufnahme von Wurmeiern möglich. Eine Übertragung der Parasiten vom Hund auf den Menschen ist möglich. Der European Scientific Counsel Companion Animal Parasites (ESCCAP) – die europäische Vereinigung der Fachleute für Parasiten bei Hund und Katze – empfiehlt folgendes Entwurmungsschema, wenn kein erhöhtes Ansteckungsrisiko vorliegt: Welpen: alle 2 Wochen nach der Geburt bis 2 bzw. 3 Wochen nach dem Absetzen und erwachsene Tiere etwa vier Mal im Jahr.

Giardien, die Erreger der **Giardiose**, und Kokzidien, die Erreger der **Kokzidiose**, sind einzellige Parasiten, die im Darm des infizierten Hundes leben. Symptome einer Erkrankung sind wiederholt wiederkehrende Durchfälle, wobei die Ausscheidungen von gelblicher Farbe und dünnbreiiger Konsistenz sind und faulig stinken. Befallen werden vor allem junge Hunde sowie Hunde, die in größeren Gruppen gehalten werden. Beide Krankheiten zählen zu den Zoonosen, d.h. sie sind auf den Menschen übertragbar. Die medikamentöse Behandlung durch den Tierarzt muss vom Besitzer des Hundes durch strenge Hygienemaßnahmen ergänzt werden. Heißes Wasser über 60° C tötet die Erreger ab, in kaltem Wasser überleben sie bis zu drei Monate.

Zu den häufigsten Ektoparasiten beim Hund zählen die **Flöhe**, die in verschiedenen Arten blutsaugend im Fell des Hundes leben. Ein akuter Befall kann mit einem speziellen Flohkamm bestätigt werden, der Tierarzt hält wirksame Mittel bereit, die die Flöhe abtöten. Ein Flohhalsband wirkt vorbeugend.

KAPITEL 16

Impfungen beim Hund

Wie die Beschreibung der fünf oben genannten Infektionskrankheiten zeigt, sind prophylaktische Impfungen in den vorgegebenen Lebensphasen des Hundes das richtige und letztlich einzige Mittel, um Schäden durch teilweise tödlich verlaufende Erkrankungen von Hund und Halter fernzuhalten.
Der Welpe ist in den ersten Lebenswochen noch über seine Mutter ausreichend immunisiert, danach müssen unbedingt Impfungen gegen die wichtigsten Infektionskrankheiten vorgenommen werden.

Die nachfolgenden Empfehlungen stammen von der *Ständigen Impfkommission Vet. für Hunde im Bundesverband praktizierender Tierärzte e.V.*

Eine <u>erste Grundimpfung</u> wird vorgenommen, wenn der Welpe in der siebten oder achten Lebenswoche ist, also in den meisten Fällen noch beim Züchter. Sie dient der Immunisierung gegen Staupe, Hundehepatitis (HCC), Leptospirose sowie Parvovirose.

Die <u>nächste Impfung</u> – etwa in der zwölften Lebenswoche – erfolgt nochmals gegen die vorerwähnten Krankheiten und zusätzlich gegen Tollwut.

Die dritte Schutzimpfung – in der sechzehnten Lebenswoche – gibt Schutz gegen Staupe, Hundehepatitis (HCC), Parvovirose und Tollwut.

Die vierte und letzte Grundimmunisierung findet im Alter von fünfzehn Monaten wiederum durch Impfung gegen Staupe, Hundehepatitis (HCC), Leptospirose, Parvovirose und Tollwut statt.

Zur Gewährung eines konstanten Impfschutzes muss die Impfung danach jährlich wiederholt werden. Bei besonderen Situationen (Hundepension, Reisen in bestimmte Länder oder in Zeckenrisikogebiete) sollte vorher der Tierarzt aufgesucht werden, um den bestehenden Impfschutz zu überprüfen und gegebenenfalls zusätzliche Impfungen durchzuführen.

Wichtig ist, dass alle Impfungen lückenlos in den Impfpass des Hundes, bzw. in den Europäischen Heimtierausweis eingetragen werden.

Wie die Erfahrung leider zeigt, verfügen die aus Vermehrerbetrieben stammenden Welpen nur in den wenigsten Fällen über einen ausreichenden Impfschutz gegen die gefährlichen Infektionskrankheiten, meistens sind sie bereits bei der Übergabe an den Käufer infiziert. Der unweigerlich folgende Ausbruch einer der genannten Krankheiten beim Welpen mit allen damit verbundenen Sorgen um Leben und Gesundheit des neuen Hausgenossen und den oft in die Hunderte Euro gehenden Tierarztkosten sind dann zwar schon schlimm genug, richtig ernst und gefährlich wird es aber dann, wenn sich die Krankheit noch auf ein oder mehrere Familienmitglieder oder auf andere Haustiere überträgt.

Das heißt:
So süß der kleine Hund auch aussieht, er kann, wenn er nicht wie vorgeschrieben geimpft wurde, den Erreger einer im Extremfall tödlichen Infektion in sich tragen. Impfpässe bieten bei Welpen aus Vermehrerbetrieben keine Sicherheit, sie sind fast ausschließlich gefälscht.
Sicherheit bietet nur der Kauf eines Welpen bei einem seriösen Züchter.

bpt bundesverband praktizierender tierärzte e.V.

Impfempfehlung der Ständigen Impfkommission Vet. für Hunde

Gültig seit August 2009

Gegen diese Infektionen sollten Hunde **immer** geschützt sein:

Ansteckende Leberentzündung (HCC), Leptospirose, Parvovirose, Staupe, Tollwut

Grundimmunisierung
(Als Grundimmunisierungen von **Welpen** gelten alle Impfungen in den ersten beiden Lebensjahren[1])

Im Alter von

8 Lebenswochen:	HCC, Leptospirose, Parvovirose*), Staupe
12 Lebenswochen:	HCC, Leptospirose, Parvovirose, Staupe, Tollwut
16 Lebenswochen:	HCC, Parvovirose, Staupe, Tollwut **)
15 Lebensmonaten:	HCC, Leptospirose, Parvovirose, Staupe, Tollwut

In einem höheren Alter vorgestellte Tiere erhalten ihre Impfungen in denselben Abständen. Ab einem Alter von 12 Lebenswochen ist eine zweimalige Impfung im Abstand von 3 – 4 Wochen, gefolgt von einer weiteren Impfung nach 1 Jahr, für eine erfolgreiche Grundimmunisierung ausreichend.

Wiederholungsimpfungen
Wiederholungsimpfungen sind alle Impfungen, die nach abgeschlossener Grundimmunisierung erfolgen.

Tollwut:
In Deutschland gelten seit Änderung der Tollwutverordnung v. 20.12.2005 die in den Packungsbeilagen der Impfstoffe genannten Wiederholungsimpftermine.

Staupe, HCC, Parvovirose:
Wiederholungsimpfungen ab dem 2. Lebensjahr in dreijährigem Rhythmus sind nach derzeitigen wissenschaftlichen Erkenntnissen ausreichend.

Leptospirose:
Jährliche Wiederholungsimpfungen (in Endemiegebieten häufiger) sind zu empfehlen.

Impfungen gegen diese Infektionen empfiehlt der Tierarzt individuell – **je nach Lebensumständen** des Tieres und/oder aktueller Seuchenlage:

– Babesiose
– Borreliose
– Pilzinfektionen
– Zwingerhusten

*) In gefährdeten Beständen ist eine zusätzliche Impfung im Alter von 6 Wochen empfehlenswert. Die weitere Impfempfehlung wird dadurch nicht verändert.
**) Die im Alter von 16 Lebenswochen empfohlene 2. Impfung geht über die gesetzliche Anforderung hinaus, ist aber aus immunologischen Aspekten sinnvoll.

[1] Definition im Sinne der Leitlinie für die Impfung von Kleintieren, weicht z. T. von der Produktliteratur ab.

KAPITEL 17

Chippen des Hundes

In enger sachlicher Verbindung zu den regelmäßigen Impfungen des Hundes steht das Implantieren eines Chips, um den Hund mit einem entsprechenden Lesegerät jederzeit sicher identifizieren zu können.

Seit dem Jahr 2004 ist EU-weit der EU-Heimtierausweis vorgeschrieben, wenn ein Hund von einem Mitgliedsstaat in einen anderen verbracht wird. Das sogenannte „Chippen" zur eindeutigen Identitätsbestimmung ist seit dem Jahr 2011 verbindlich vorgeschrieben.

Dazu wird dem Hund mittels eines speziellen Applikators an der linken Halsseite ein ca. 12 mm langer und 2 mm dicker Transponder unter die Haut gepflanzt. Dieser Transponder, der dem Tier in keiner Weise schadet und lebenslang im Gewebe verbleibt, enthält in einem Chip einen 15-stelligen Zahlencode, der weltweit einmalig und nur diesem einen Hund zugeordnet ist. Der Zahlencode kann mit einem speziellen Lesegerät, das über den Halsbereich des Hundes geführt wird, ausgelesen werden und stimmt mit dem in dem zum betreffenden Hund gehörenden EU-Heimtierausweis enthaltenen Zahlencode überein. Auf diese Weise kann zum Beispiel an der Grenze zweifelsfrei festgestellt werden, dass der mitgeführte Hund auch die je nach Landesrecht erforderlichen Impfungen erhalten hat.

Soweit ein Hund nicht über die Grenze verbracht wird, ist das Chippen nicht zwingend vorgeschrieben, allerdings sehen bestimmte deutsche Bundesländer wie Niedersachsen und Nordrhein-Westfalen bereits eine generelle Chippflicht vor, in Österreich besteht landesweit Chippflicht.

Oftmals ist in Internetforen zu lesen, dass der unter dem Fell befindliche Transponder beim Hund Krebs ausgelöst habe oder eine solche Gefahr zumindest bestehe. Diese Sorge ist allerdings völlig unbegründet und hat sich in keinem einzigen Fall bestätigt. Der Transponder sendet nämlich keine eigenen Strahlen aus, sondern wird erst durch das Lesegerät aus kurzer Entfernung – unter 30 cm - aktiviert.

Unabhängig von einer bestehenden Chippflicht bietet ein freiwilliges Chippen für einen Hundebesitzer allerdings deutliche Vorteile:

* Besitzer von entlaufenen und aufgefundenen Tieren können sofort ermittelt werden

* Keine große Suchaktion nach Tieren oder Haltern

* Keine unnötigen Tierheimaufenthalte

* Schnelle Identifikation nach Unfall

* Feststellen des Besitzers eines ausgesetzten Haustieres

- Auffinden des Besitzers eines im Straßenverkehr verletzten oder getöteten Tieres

Welpen von seriösen ZüchterInnen wird im allgemeinen in der siebten oder achten Lebenswoche – zeitgleich mit der ersten Grundimpfung – zur zweifelsfreien Identifizierung ein Chip implantiert. Welpen aus Vermehrerbetrieben sind hingegen nur in den seltensten Fällen mit einem Chip gekennzeichnet, was ihren Transport von einem EU-Staat in einen anderen bereits deswegen grundsätzlich illegal macht – ungeachtet der Verstöße gegen Tierschutzvorschriften wegen der tierquälerischen Art und Weise des Transports.

Natürlich wird auch der, der selber einen nicht gechippten Welpen im Ausland erwirbt, bei einer Kontrolle an der Grenze Schwierigkeiten bekommen, ein Problem, über das die wenigsten nachdenken, wenn sie irgendwo auf einem grenznahen Marktplatz einen süßen kleinen Hund angeboten bekommen.

In diesem Zusammenhang sei noch der Hinweis erlaubt, dass jeder, der – gleich woher – einen Welpen oder auch einen ausgewachsenen Hund erwirbt, der tatsächlich oder mutmaßlich nicht mit einem Chip versehen wurde, angehalten ist, den Hund entsprechend den in seiner Heimatregion geltenden Vorschriften einem Tierarzt oder einer sonstigen Stelle vorzuführen, die über ein Lesegerät verfügt, und dort den 15-stelligen Zahlencode auslesen zu lassen. Stellt sich heraus, dass der Hund entgegen den Angaben des Verkäufers nicht mit einem Chip gekennzeichnet ist, hat der neue Besitzer dies natürlich unverzüglich nachzuholen.

Welpenverkauf aus dem Auto

Erste Ausfahrt für kleine Irish-Setter

Verdreckter Kofferraum als Verkaufsstand

So fröhlich kann eine Reise sein!

Verzweiflung pur bei diesem Kleinen

Neugierig auf die große Welt

Unterschiedlicher kann ein Hundeleben ...

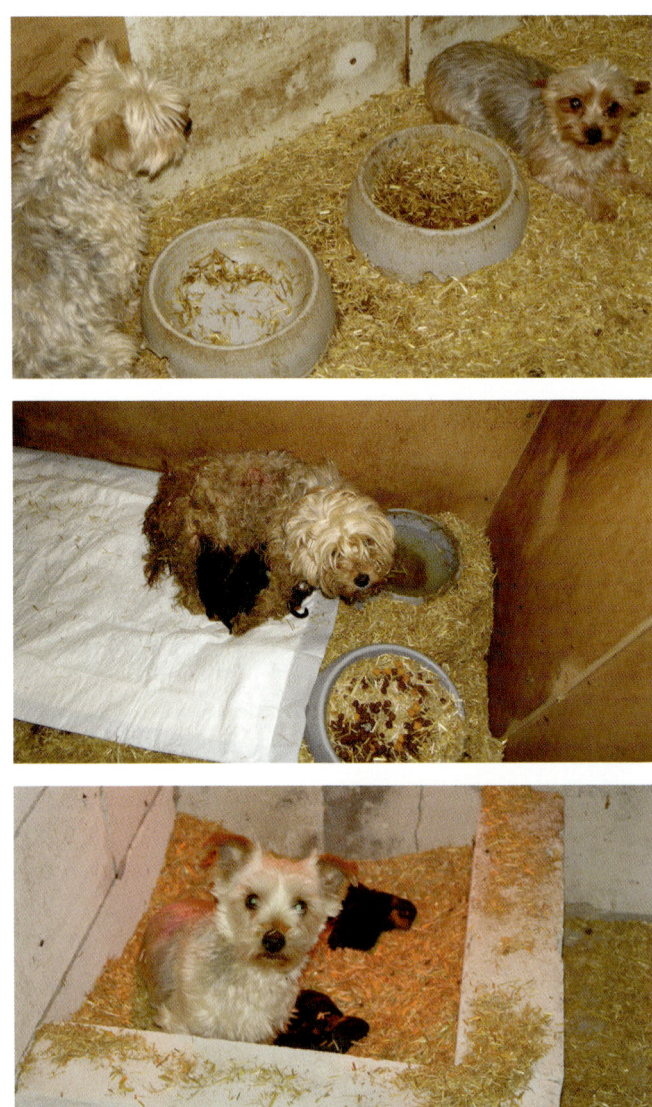

... nicht beginnen!

Bei diesem „Futter" müssen die Welpen
todkrank werden!

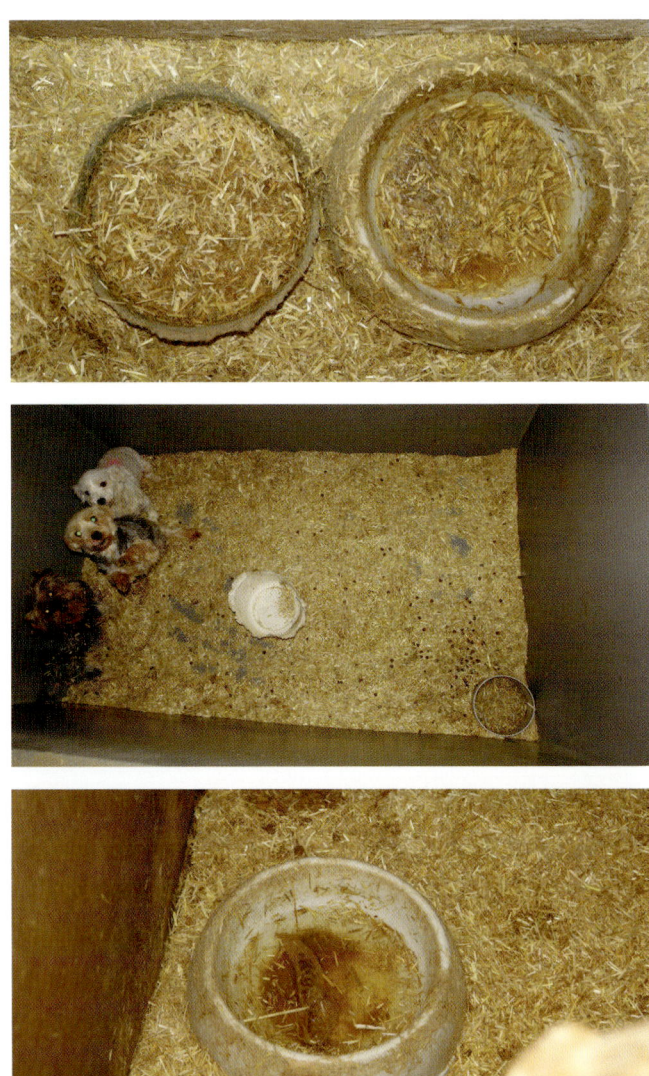

Man sieht, wie es schmeckt!

Furchtbares Leid von der ersten Lebensstunde an

Spiel und Spaß den ganzen Tag

Sie sehen weder Tageslicht noch grüne Wiese

Rumtollen im Garten

Sozialverstörte Hunde in den Vermehrerstationen

Fröhliche, gesunde Hunde
aus seriöser Zucht

...wie traurig!

...wie schön!

Ohne Worte!

Mitleid und Gier treiben dieses Geschäft an!

Sie sind noch einige Wochen bei ihrer
Mutter und den Geschwistern

Ohne Worte!

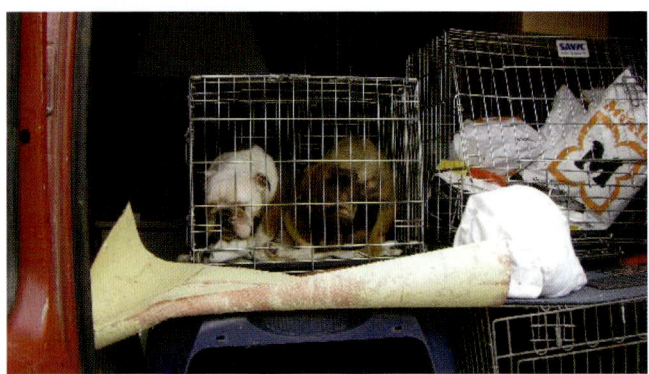

Ohne Worte!

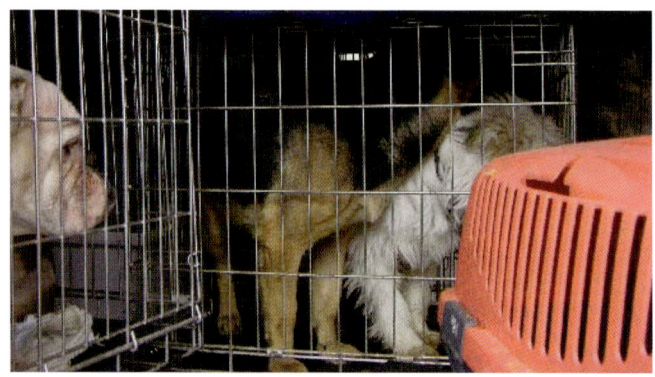

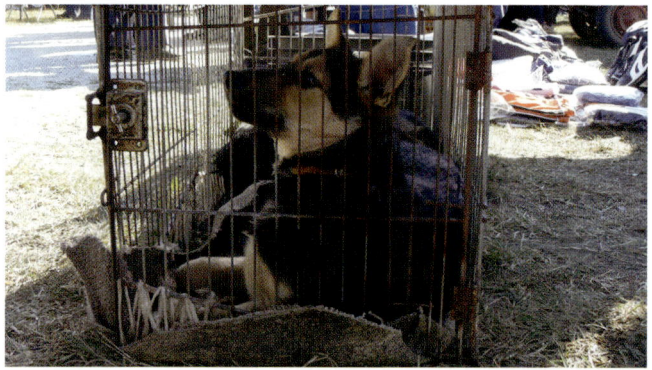

Was für ein schlimmes Leid!

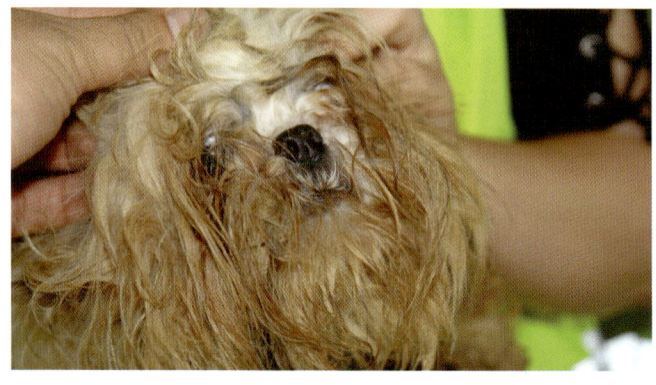

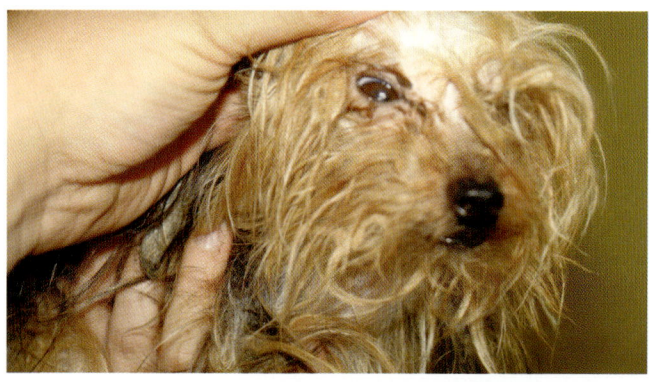

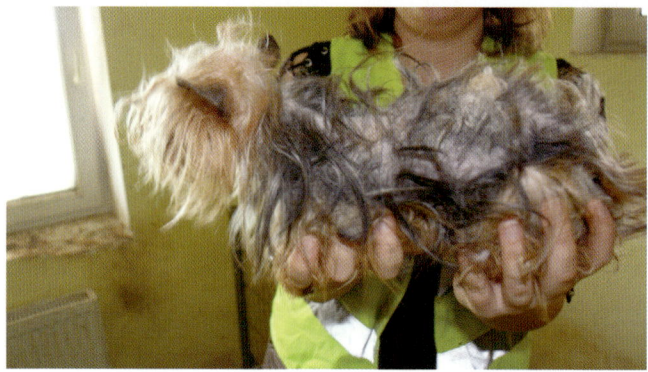

Gesund, schön und fröhlich!

Nur des Profits wegen auf der Welt!

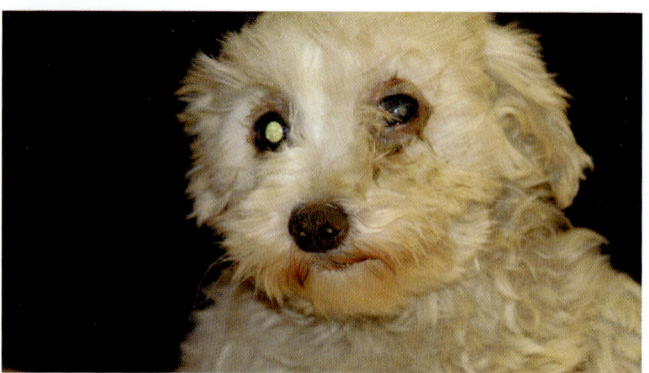

In seriöser Zucht ist glückliches
Aufwachsen garantiert

Das Leid der Vermehrerhündinnen

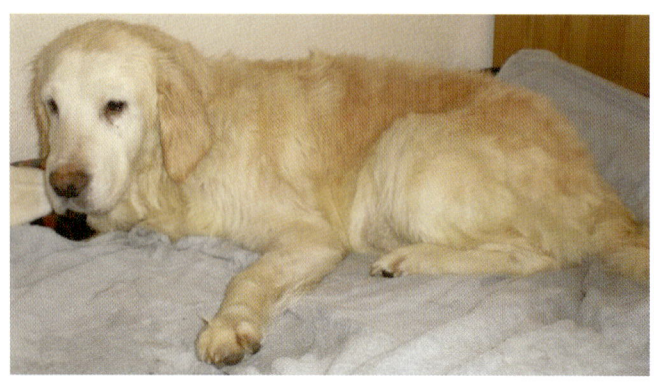

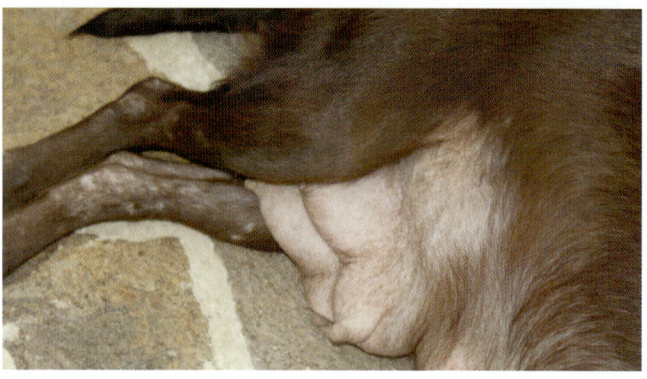

Fotos von einem glücklichen Irish Setter

Vermehrerhündinnen

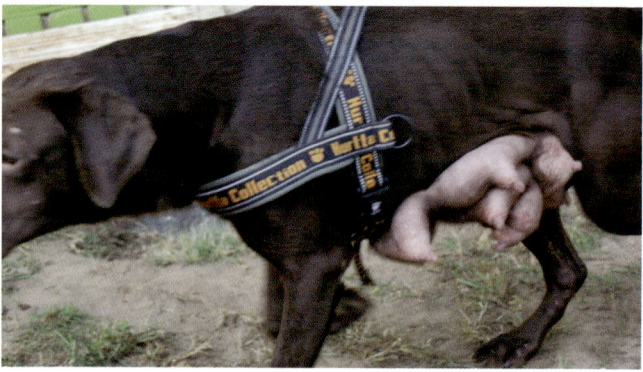

Irish Setter im Schnee

Hundeleid auf dem Hundemarkt

Nicht in Slubice, sondern mitten in Deutschland

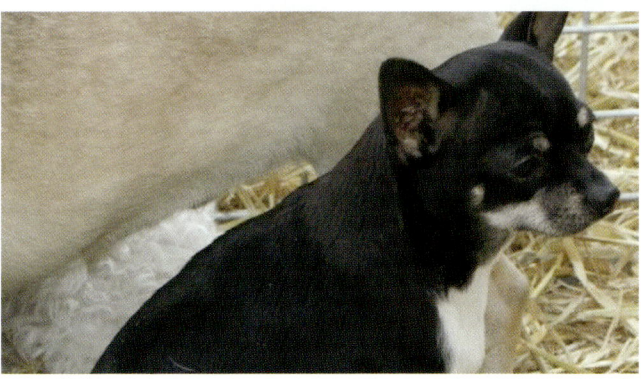

... Hundeleid

KAPITEL 18

Der Hund aus der Sicht des Gesetzgebers

Nachfolgend möchte ich aus anwaltlicher Sicht die rechtliche Situation von Tieren in Deutschland ansprechen, wobei im Zivilrecht die Unterschiede zur Rechtslage in Österreich nur gering sind.

Seit dem Inkrafttreten des Bürgerlichen Gesetzbuches (BGB) am 1. Januar 1900 wurden Tiere dort fast ein Jahrhundert lang als Sachen angesehen und waren diesen rechtlich gleichgestellt. Immer wieder gab es in den vergangenen Jahrzehnten Bestrebungen, den Tieren als unseren Mitgeschöpfen in den Gesetzeswerken und damit auch im Bewusstsein der Menschen eine bessere Stellung zu verleihen.

Erst im Jahre 1990 wurde im BGB klargestellt, dass Tiere keine Sachen seien – mit der eher halbherzigen Ergänzung, Tiere seien ab sofort „lebende Sachen". Gleichwohl verblieben die Tiere in der Rubrik „Sachenrecht" und die Vorschriften über die (leblosen) Sachen waren auf die Tiere entsprechend anzuwenden – was bedeutete, dass sich letztlich überhaupt nichts geändert hatte.

Wie ein Fernseher, ein Buch oder eine Waschmaschine können Tiere deswegen weiterhin verkauft, vermietet, verliehen oder verschenkt werden. Auf die Gefühle des Tieres wird dabei aus gesetzgeberischer Sicht keine Rücksicht genommen. Hat das verkaufte Tier einen Mangel, gelten die auch bei Autos oder Möbeln anwendbaren Gewährleistungsvorschriften.

Die Verletzung eines Tieres gilt strafrechtlich grundsätzlich als Sachbeschädigung. Immerhin gibt es bei Tieren keinen wirtschaftlichen Totalschaden, denn im Schadenersatzrecht heißt es: Die aus der Heilbehandlung eines verletzten Tieres entstandenen Aufwendungen sind nicht bereits dann unverhältnismäßig, wenn sie dessen Wert übersteigen. Was übersetzt bedeutet, dass ein verletzter Mischling nicht bloß deswegen eingeschläfert werden muss, weil die Operation teurer wäre als der Hund.

Im Scheidungsrecht werden Hunde als Hausrat betrachtet und wie dieser behandelt, was bedeutet, dass sich die Scheidungswilligen entweder verständigen, wer von ihnen den Hund bekommt, oder der Scheidungsrichter hierüber befindet.

Und auch das deutsche Grundgesetz hilft den Tieren für sich allein auch nicht viel, denn trotz einer Ergänzung im Jahr 2002, mit der Tiere unter staatlichen Schutz gestellt wurden, hat sich für die vierbeinigen oder gefiederten Erdenbewohner im normalen Alltag nicht allzu viel geändert.

Allerdings findet dieser verfassungsrechtlich garantierte Schutz seine Ausprägung im deutschen Tierschutzgesetz. Zweck dieses Gesetzes ist es, so wörtlich § 1 TierSchG, aus der Verantwortung des Menschen für das Tier als Mitgeschöpf dessen Leben und Wohlbefinden zu schützen. Niemand darf einem Tier ohne vernünftigen Grund Schmerzen, Leiden oder Schäden zufügen. In den nachfolgenden Abschnitten des Gesetzes finden sich genaue Regeln über die Haltung und das Töten von Tieren, über Eingriffe an Tieren, über Tierversuche und die Zucht und den Handel.

In Österreich war der Tierschutz bis 2004 Sache der Länder und deswegen nicht einheitlich geregelt. Ziel des 2005 in Kraft getretenen gesamtösterreichischen Tierschutzgesetzes ist nach dessen § 1 der Schutz des Lebens und des Wohlbefindens der Tiere aus der besonderen Verantwortung des Menschen für das Tier als Mitgeschöpf.

Neben dem eigentlichen Tierschutzgesetz bestehen eine ganze Reihe ergänzender Vorschriften, die die Haltung von Tieren oder Tierversuche regeln. In jedem Bundesland wurde die Stelle eines Tierschutzombudsmanns geschaffen, der die Interessen des Tierschutzes zu vertreten hat.

KAPITEL 19

Berichte in den Medien

Fast jede Woche stößt man in den gedruckten oder elektronischen Medien auf Berichte über die Machenschaften der Welpenmafia. Und es ist dabei immer wieder erschreckend, dass trotz dieser unablässigen Informationen das Geschäft mit den Hundewelpen aus Vermehrerbetrieben floriert wie selten zuvor.

Über die vielen ergreifenden Einzelschicksale, bei denen sich der neue und vermeintlich so günstig erworbene Familienhund als todkrank herausstellt und schließlich entweder unter Schmerzen stirbt oder vom Tierarzt von seinem Leiden erlöst werden muss, liest oder hört man leider fast nie etwas. Aber in letzter Zeit häufen sich die Meldungen über Kleinlaster, die von der Polizei überprüft werden und sich als bis unters Dach mit Welpen vollgestopfte Transporte aus Polen, Tschechien, der Slowakei oder sogar Rumänien herausstellen.

So geschehen am 1.März 2012 auf der Autobahn A61 in Höhe Schifferstadt, im Bereich Koblenz. Da verunglückte ein Transporter einer slowakischen Firma, der Fahrer war stark übermüdet. Er verlor die Kontrolle über seinen LKW und der Wagen stürzte über die Leitplanke. Der Transporter war schwer beschä-

108

digt und hatte Hundewelpen als Ladung. Es gab keinen Personenschaden – aber über 100 Hundewelpen wurden im Auto eingeklemmt oder lagen in Käfigen verstreut auf der Straße. Die Tiere stammten aus Massenzuchten in Osteuropa.

Am Unfallort bot sich den Einsatzkräften ein grauenhafter Anblick. Eingepfercht in winzige, völlig verdreckte Käfige mussten sich die Welpen den wenigen Platz mit bis zu fünf anderen Hunden teilen. Sie hatten nichts zu fressen, nichts zu trinken. Allesamt waren es Rassehunde, die einzig und allein für den illegalen Welpenhandel bestimmt waren.

Die verfügbaren Tierärzte der Umgebung kamen an den Unfallort, um die Welpen schnellstmöglich medizinisch zu versorgen. Die meisten Hunde waren zum Glück unverletzt, einige lagen aber sterbend in den Käfigen. Viele der verunglückten Hunde waren offenbar schon krank, bevor sie auf die Reise gingen, denn sie starben kurze Zeit später im Tierheim.

Eine schlimme Tragödie, jedoch nur durch Kommissar Zufall wird man nach so einem Unfall wenigstens auf die Welpenmafia-Problematik aufmerksam. Tag für Tag fahren unzählige Transporter mit Billigwelpen aus den Ostblockländern auf den deutschen und österreichischen Autobahnen. Das Trügerische dabei: man erkennt diese LKWs von außen nicht. Und doch haben sie in verrotteten, übereinander gestapelten Käfigen Hunderte von armen, kranken, verängstigten, beinahe verhungerten und fast verdursteten Tieren geladen, und transportieren wissend Leid, Krankheit und Tod.

Bei den verunglückten Hunden des Transporters handelte es sich vor allem um beliebte Rassen wie Mops, Husky, Bulldogge, Cocker Spaniel, Collie, Malteser, Golden Retriever, Terrier, Havaneser und Schäferhunde – eine „bunte" Zusammenstellung von all jenen Rassen, die im Moment so in Mode sind.

Die auf der A 61 verunglückten Welpen mussten nach dem Unfall dringend untergebracht werden, daher kamen die Hunde in die umliegenden Tierheime. Einige Tiere verstarben jedoch bereits kurze Zeit nach der Einlieferung – aber nicht an den Folgen des Verkehrsunfalls, sondern an den schweren Infektionen mit dem Parvovirose-Erreger oder an der gefährlichen Staupe. Die Welpen begannen zu schwächeln und von den 25 Hunden, die zum Beispiel im Wormser Tierheim eintrafen, starben innerhalb kürzester Zeit sieben.

Wobei man wissen muss:
Die kranken Hunde, die schon beim Vermehrer die Anzeichen der Krankheit haben, kommen gar nicht in

den Transporter, sie werden von Haus aus schon aussortiert. Nur diejenigen, bei denen man die Krankheit nicht sofort beim ersten Betrachten erkennen kann, die „dürfen" letztendlich die Fahrt antreten.

Erst wenige Wochen alte Welpen, die ihre Reise in ein neues Leben nach Deutschland, Belgien oder Österreich nicht überlebt hatten, boten ein Bild des Grauens. Sie wurden Opfer skrupelloser Hundehändler und starben an schlimmen Infektionskrankheiten, weil sie schlecht gehalten und des Profits wegen nicht geimpft wurden. Denn Impfungen kosten nun mal Geld. Dann schon lieber so tun als ob und den Käufern einen gefälschten Impfpass übergeben und diese somit in einer vermeintlichen, aber mordsgefährlichen Sicherheit wiegen.

Und auch jene Welpen, die den Unfall überlebten, hatten meist noch an erheblichen Folgeschäden zu leiden, von den sozialen Verhaltensstörungen mal ganz abgesehen. Im ersten Moment kann es den Anschein haben, dass mit dem kleinen Hund alles in Ordnung ist, aber dieser Zustand kann sich täglich oder stündlich ändern.

Viele Tierheime in Deutschland und Österreich sind zeitweise völlig überbelegt, denn sie müssen sich, wenn so ein Unfall passiert – neben ihrem normalen Tagesgeschäft – rund um die Uhr um diese armen Kreaturen kümmern, weil irgendwelche Leute nur Geld machen wollen, verdienen wollen und die Tiere wie Müll behandeln.

Selbst dann, wenn bei einem Transport das eine oder andere gesunde Tier darunter gewesen wäre, dadurch, dass sie alle auf engstem Raum zusammengepfercht waren, steckten sie sich gegenseitig an. Eine massive Infektionsgefahr war daher gegeben. Für jedes Tierheim, für jeden Tierarzt, die plötzlich solche kranken Tiere aufnehmen und versorgen müssen, ist das ein beinah unlösbares Problem, denn die Erreger dieser Krankheiten können sich in vereinzelten Fällen sogar bis zu einem Jahr in der Luft halten.

Wie die „Bild" vermeldete, wurde im Juni 2012 auf der Autobahn 3 in der Nähe von Passau ein illegaler Hundetransport entdeckt. Zollfahnder hatten in der Nacht fünf Cockerspaniel-Welpen gefunden, die von einem Rumänen zu Abnehmern in Deutschland und England gebracht werden sollten. Die Tiere befanden sich ohne Transportboxen auf der Ladefläche des Anhängers unter einer Plane.

Laut einer Meldung des „Kurier" führte die österreichische Polizei im Sommer 2011 auf der Südautobahn (A2) Routinekontrollen durch. Am späten Nachmittag erhielten die Beamten Informationen über einen Klein-Lkw, der Richtung Süden unterwegs war und viel zu schnell fuhr. Das Fahrzeug konnte wenig später gestoppt werden. Als die Beamten den Laderaum öffneten, entdeckten sie dort 101 Welpen verschiedenster Rassen (Malteser, Boxer, Labrador, Golden Retriever, franz. Bulldoggen, etc.). Der Fahrer gab Spanien als Fahrtziel an, immerhin eine Strecke von 2000 Kilometern, für die man mindestens 24 Stunden braucht. Einige der Welpen waren schlicht zu jung, um sie ohne Muttertier transportieren zu können. Der zuständige Amtstierarzt entschied schließlich, den Transport in die Slowakei zurückzuschicken. Das Fahrzeug wurde mit Polizeibegleitung zum Grenzübergang Kittsee gebracht, wo es von inzwischen verständigten slowakischen Polizisten übernommen wurde. Der Lenker des Transporters und die Lieferfirma wurden angezeigt.

Wie der Kurier weiter vermeldete, ist Spanien ein wichtiger Platz für den illegalen Verkauf von Jungtieren. Sie würden von österreichischen Touristen gekauft und nach Österreich eingeführt, mit legalen Papieren spanischer Tierärzte.

Im Februar 2012 machte die Polizei Erlangen auf der A3 einen traurigen Fund. Im Rahmen einer Verkehrskontrolle entdeckten die Beamten in einem Kleintransporter 92 Hundewelpen, eingesperrt in viel zu kleinen Transportboxen ohne Wasser und Futter. Der Fahrer war von Ungarn nach Holland unterwegs. Nach 15 Stunden Fahrt war die Tortur für die Welpen beendet. Sie fanden im Tierheim Nürnberg vorerst ein neues Zuhause. Zwei Monate später wurde in einer Meldung verbreitet, der Tierhändler habe wegen seines „Umsatzeinbruchs" eine Klage gegen das Tierheim angekündigt.

Nur 14 Tage später stoppte die Polizei bei Nürnberg wieder einen illegalen Welpentransport, die sechs aus der Slowakei stammenden Welpen wurden beschlagnahmt. Bei den Welpen handelte es sich um fünf Möpse und einen Malteser. Sie waren maximal vier Wochen alt und wurden dem Tierheim Nürnberg übergeben. Die Möpse waren einigermaßen fit, der Malteser musste allerdings in die Tierklinik. Das Ziel des Transports wurde nicht bekannt.

Nach einer Meldung von www.nordbayern.de ging der Polizei in Feucht bei Nürnberg im Mai 2012 ein illegaler Tiertransport mit 15 Hundewelpen ins Netz.

Bei einer nächtlichen Routinekontrolle entdeckten die Beamten die Hundebabys eingepfercht im Kofferraum eines tschechischen Autos, wo sie wahrscheinlich mindestens sechs Stunden ohne Futter und Wasser ausharren mussten. Ein Hund kam wegen seines schlechten Gesundheitszustandes in eine Tierklinik, die anderen sind größtenteils wohlauf.

Die Tiere stammten aus der Slowakei und sollten nach Belgien geliefert werden. Laut Tierheim Feucht, das die Welpen vorläufig aufnahm, handelte es sich um Hunde unterschiedlicher Rassen: Chihuahua, Cocker Spaniel, Schäferhund, Berner Sennenhunde, Möpse und Bernhardiner.
Der Fahrer wurde zunächst wegen Verstoßes gegen das Tierschutzgesetz festgenommen, dann aber wieder freigelassen.

Die geschilderten Fälle, in denen illegale Welpentransporte durch Zufall entdeckt werden, bilden lediglich die Spitze des Eisbergs. Nach Schätzungen der Tierhilfe Österreich fahren täglich bis zu 30 Transporte mit hunderten illegal über die Grenze geschmuggelten Welpen durch Österreich, was kein Wunder ist – die rege Nachfrage will schließlich bedient werden.

KAPITEL 20

Mitleid und Gier treiben den Markt an!

Es ist völlig verständlich, dass man als Mensch mit Herz und Gefühl – es sei denn man hat eine Allergie – beim Anblick eines Welpen sofort das Bestreben hat, den Kleinen in den Arm zu nehmen, zu streicheln und zu beschützen.

Noch größer ist das Bestreben, wenn die Umstände, in denen dieses Tier lebt, traurig machen und das Bedürfnis des Beschützens und Rettens auslösen. Denn sieht man dann so arme Kreaturen, eingepfercht in Kisten und Käfigen, dann haben die „Händler" meist das Geschäft schon im Sack.

Das ist ihre Methode: Mitleid treibt den Markt an.

Jeder Mensch, der jetzt das Gefühl hat: „Ich will diesen Hund vor dem Sterben retten, ich will diesem armen Hund ein schönes Zuhause geben..." ist ein potentielles Opfer dieser Vermehrer. Diese brauchen jetzt nur noch den Käufern vorzugaukeln, dass mit dem kleinen Hund ohnehin alles in Ordnung sei und schon wechseln die bunten Scheine ihren Besitzer.

Das Elend, das man als Käufer jetzt mit in die eigenen vier Wände nimmt, ist vorprogrammiert und dem Händler völlig egal. Er hat für fast null Aufwand das

Maximum an Gewinn erzielt und kann von diesem Verkauf und von den vielen gleichlaufenden Verkäufen gut leben.

Skrupellos werden die Muttertiere zum Vermehren benutzt, keine Regeln, keine Richtlinien der Normzucht beachtet, denn es geht nur um eines: viele Hunde, viel Geld. In welch trostlosen Verhältnissen diese Tiere hausen, davon geben die Fotos Zeugnis, aber auch das ist den Vermehrern völlig egal. Für sie sind die Tiere nur Ware, nur die Möglichkeit, Geld zu verdienen und nichts sonst tun zu müssen.

Sie haben in ihrem Angebot immer mehrere Rassen, und wenn sie sich auf den Hundemärkten tummeln, verkaufen sie am Tag oft bis zu zehn Welpen. Bei 100 – 300 Euro pro Hund ist das eine ganze Menge Geld, das von den Vermehrern unversteuert eingesteckt wird.

Für jeden „geretteten" und verkauften Hund werden mindestens fünf neue nachkommen. Man muss sich das so vorstellen: Sie haben einen Hund gekauft und vermeintlich gerettet, und der Vermehrer reibt sich die Hände und sagt: ich muss nachliefern, denn ich habe heute ein gutes Geschäft gemacht. Jeder, der einen Hund auf dem Markt ersteht, der unterstützt diesen illegalen Welpenhandel. Man macht sich mitverantwortlich für diese Katastrophe und das Elend, das diese Tiere erleiden müssen.

Denn es sind Lebewesen.

Fühlende Lebewesen.

Aber: Solange sich die Gesetze nicht ändern, solange die Behörden und die Polizei „wegschauen", solange die Strafen nicht drastisch erhöht werden und den Vermehrern auch Gefängnis ins Haus stehen könnte, solange wird sich nichts ändern. Das ist leider so. Tiere sind nun mal Ware. Sie haben keine Rechte.

Und zum doppelten Glück für die Vermehrer gibt es da noch die Gier.

Jemand will sich einen Hund zulegen. Dieser Jemand erkundigt sich, hört sich um und erfährt, dass ein Welpe seiner Wahl um die 1000-1500 Euro bei einem qualifizierten Züchter kostet. Das ist viel Geld, aber – das weiß nur dieser potentielle Welpenkäufer noch nicht – trotzdem jeden einzelnen Euro in die Investition eines gesunden Hundes wert.
Bei einem Welpenhändler kostet die gewünschte Rasse jedoch nur einen Bruchteil des oben genannten Betrages. Oftmals eben nur die erwähnten 100-300 Euro.

Zugegeben, der Kaufanreiz ist groß. Gleiche Rasse, süßer kleiner Welpe da wie dort, wieso nicht bei der Anschaffung Geld sparen? Und der armen Kreatur, die es offenbar in den ersten Lebenswochen nicht so schön hatte, ein liebevolles Zuhause geben? Man bekommt gefälschte Impfpässe mit auf den Weg und es ist den Käufern leider nicht klar, dass sie durch den Kauf Mittel und Zweck im Netzwerk von Kriminellen sind.

Falscher Denkansatz, leider.

Denn man holt sich mit diesen Hunden das Elend, das Leid und den Tod ins Haus. Man hat den Welpen liebgewonnen und mit genau dem kalkulieren diese Vermehrer: Niemand gibt einen krankgewordenen Hund wieder zurück. Man kämpft mit ihm um sein Überleben, steckt viel Geld in die Behandlungen und muss am Ende dem qualvollen Sterben des kleinen Hundes zusehen.

Und selbst dann, wenn man den Hund zurückgeben hätte wollen, wo sollte man denn den „Verkäufer" wiederfinden? Der Stand auf dem Marktplatz ist längst von einem anderen Vermehrer belegt und niemand kennt natürlich den damaligen Verkäufer.

Man befindet sich in einem Kreislauf, wie er schlimmer kaum sein könnte. Billiger Hund = teure Tierarztrechnungen.

Alles, was man vermeintlich vorher an den Anschaffungskosten gespart hat, muss man wenige Tage nach dem Kauf zum Tierarzt tragen.

Jetzt gibt es diese Hunde aber nicht nur auf den Märkten zu kaufen, auch im Internet und bei Zeitungsannoncen kann man Billighunde erwerben. Diese Kleinanzeigen gaukeln den Käufern alles Mögliche vor, nur kaum die Wahrheit.

Da kann man lesen: „Mini-Malteser" aus Familienzucht sucht liebevolles Zuhause: Kaufpreis: 300 Euro und als Kontakt wird eine Handynummer angegeben. Da müsste jetzt bei den Menschen die Alarmglocke klingeln! Wenn man einen Rassehund für 500 Euro und darunter angeboten bekommt, da kann doch was nicht mit rechten Dingen zugehen.

Aber, wie heißt es so schön: Gier frisst Hirn!

Die gleiche Anzeige findet man für einen „Mini-Yorki", „Mini-Chihuahua" – aber: Diese Rassen gibt es nicht! Diese Hunde sind nur deshalb „mini", weil sie viel zu früh verkauft werden. Statt 8-10 Wochen alt, sind diese kleinen Kreaturen oftmals erst vor 4-5 Wochen geboren worden. Das Lockmittel sind die niedrigen Preise, deshalb funktioniert das System so gut. Und die Verkäufer wissen ganz genau, welche „Modehündchen" gerade angesagt sind, denn kleine

Hunde sind vor allem in der Stadt sehr gefragt.

Ruft man beim Verkäufer auf seiner Handynummer an, dann bekommt man meist als Treffpunkt einen Parkplatz genannt, wo man den kleinen Hund übergeben bekommt. Oder, auch ein beliebter Trick, sollte doch mal eine Abholadresse angegeben werden, dann muss der Käufer 10 Minuten bevor er eintrifft, die Nummer nochmals anrufen.

Mit den fadenscheinigsten Ausreden vermitteln die Verkäufer oder die sogenannten Zwischenhändler jetzt angebliche Seriosität: es seien Handwerker im Haus und man könne nicht ungestört sein, deshalb müsse man das Verkaufsgeschäft im Garten, in einer Gaststätte oder eben auf einem Parkplatz abwickeln. Wer das nicht seltsam und unseriös findet, dem ist nicht zu helfen.

Entscheidet man sich für den Kauf eines solchen Hundes, dann werden manchmal schnell Papiere gegenseitig unterzeichnet, auf denen sogar Chipnummern draufstehen – wobei die meisten Hunde seit ihrer Geburt noch keinen Tierarzt gesehen haben – aber das lässt doch Seriosität vorspiegeln. Impfpässe gibt es nur gefälschte oder gar keine. Als Ausrede wird hier gerne benutzt: der Hund sei ja noch zu jung, um ihn mit Impfungen zu belasten.

Das ist absoluter Unsinn, denn die Grundimmunisierung muss der Hund spätestens in der 8. Lebenswoche erhalten und man impft kurze Zeit später nochmals. Einzig gegen die Tollwut kann man diese kleinen Hunde noch nicht impfen.

In dieser „Geiz ist geil-Mentalität", dass man sich für möglichst wenig Geld einen Rassehund anschafft, kann es am Ende vom Tag nur Verlierer geben. Die Käufer und die Hunde.

Wichtig ist daher – hier nochmals kurz zusammen-gefasst:

- Sich nicht von unseriösen Kleinanzeigen zum Kauf eines „billigen" Rassehundes verleiten zu lassen.

- Dass man vom Verkäufer des Hundes unbedingt die komplette Adresse bekommt und auch eine Telefonnummer.

- Dass man an genau diese Adresse auch hinfährt und sich ein persönliches Bild macht, woher der Hund kommt und vor allem, wie er gehalten wird.

- Dass man sich als Käufer die Eltern des Welpen zeigen lässt, zumindest jedoch das Muttertier – das ist ganz, ganz wichtig.

- Dass man sich die Geschwister des Welpen zeigen lässt – denn meist kommt dann die Aus-rede: Alle anderen seien schon verkauft worden, das sei der letzte Hund aus dem Wurf.

- Spätestens jetzt sollte man sich fragen: Wieso ist er das?

- Darauf achten, ob der Verkäufer nur eine Hunde-rasse anbietet oder mehrere, denn wenn jede gewünschte Hunderasse gleichzeitig angeboten wird, ist das schon verdächtig!

KAPITEL 21

Gemeinsam mit VIER PFOTEN und den Medien Aufklärung betreiben

STOPPT DIE WELPENDEALER

Ich bin sehr froh und dankbar, dass dieses Buch in so enger Zusammenarbeit mit VIER PFOTEN entstehen konnte. Die Kampagnen von VIER PFOTEN sind einzigartig und trotzdem für alle Beteiligten immer mit großen Aufregungen und auch Gefahren behaftet. Viele Fernsehteams unterstützen diese Aktionen und doch kann niemand vorhersehen, was am Ende des Tages tatsächlich bei einer Razzia passieren kann. Das hatte ich ja höchstpersönlich am Markt in Slubice miterlebt.

Denn man darf niemals vergessen, dass den Vermehrern und den Händlern in vielen Fällen nach so einer Razzia für gewisse Zeit die finanzielle Decke entzogen wird. Daher sind sie mit allen Mitteln bereit, IHR Geschäft solange wie möglich zu erhalten und zu verteidigen. Sie brauchen für dieses „Geschäft" keine Ausbildung, sie brauchen „nur" keine Skrupel zu haben.

Alleine schon, an welchen entlegenen Orten sich die Häuser und Anbauten befinden, zeugt vom festen Willen, ihre Vermehrerstationen versteckt zu halten. Ist ja auch klar, denn in einer Wohnsiedlung würde das Gebelle und Gekläffe der vielen Hunde sofort auffallen, und sehr schnell wären die Behörden gezwungen, dem Treiben von Amtswegen her ein Ende zu setzen. Geboren und aufgewachsen in finsteren Verschlägen erwartet die Welpen eine ungewisse Zukunft und ein mehr als trauriger Start ins Leben.

Für die verantwortungslosen Züchter und Händler aus unterschiedlichsten Ländern gelten die Hundewelpen als „Ware", die billig „produziert" wird und schnelles Geld verspricht.

Das Tier selbst zählt dabei nicht.

Man kann es nicht oft genug festhalten und nur hoffen, dass die Botschaft dieses Buches die Menschen erreicht:
In diesen „Massenzuchtanlagen", häufig in Garagen oder finsteren Verschlägen, geboren, werden die Welpen viel zu früh ihren Müttern entrissen. Die Versorgung mit Muttermilch, sowie der Kontakt zu den Wurfgeschwistern und die Umgebung von liebevollen Menschen sind für ihre ungestörte Entwicklung von allergrößter Bedeutung! Diesbezügliche Defizite können lebenslang nicht, oder eben nur sehr schwer, ausgeglichen werden. Schwere gesundheitliche Probleme und Verhaltensstörungen sind die Folgen davon.

Daher ist es ungeheuer wichtig, dass künftige Hundekäufer sich mit den Problematiken frühzeitig und vor allem VOR dem Kauf eines Welpen auseinander setzen.

Folgende Punkte sind unbedingt beim Kauf eines Welpen zu beachten:

- Lassen Sie sich die vollständige Adresse des Züchters nennen.
- Holen Sie das Tier direkt von dort ab.

- Lassen Sie sich den Welpen nur gemeinsam mit dem Muttertier zeigen.

- Die Welpen müssen bei der Abgabe mindestens acht Wochen alt und von der Mutter bereits abgesetzt sein.

- Das gleichzeitige Anbieten von Welpen verschiedener Rassen kann auf einen unseriösen Händler hindeuten.

VIER PFOTEN ist eine international tätige Tierschutzorganisation, die sich mit gezielter Projektarbeit und langfristig angelegten Kampagnen vorbildlich für den Tierschutz einsetzt. Grundlagen dafür sind fundierte Recherchen einschließlich wissenschaftlicher Expertisen, sowie intensives nationales und internationales Lobbying auf politischer und gesetzlicher Ebene. VIER PFOTEN sorgt bei vielen nationalen und internationalen Hilfsprojekten für rasche und direkte Hilfe für Tiere in Not.

VIER PFOTEN hat mit Unterstützung der Bundestierärztekammer e. V. wichtige Punkte zusammengestellt, damit den Händlern zukünftig das Handwerk gelegt werden kann:

- **Kaufen Sie niemals aus Mitleid einen Welpen**

im Urlaub oder auf einem Markt.
Mit dieser gutgemeinten „Rettung" unterstützen
Sie die dubiosen Machenschaften unseriöser
Hundehändler und können auf Mensch und Tier
übertragbare Krankheiten mit nach Hause bringen!

● **Vorsicht bei Angeboten im Internet oder in
Inseraten.** Dahinter verbergen sich oftmals
Hundevermittler, die die Welpen aus dem Ausland
beziehen und als ihre eigenen ausgeben.

● Ohne den Welpen und seine Mutter gesehen zu
haben, ohne den Welpen in seinem Lebensraum zu
erleben, sollte niemals ein Hund gekauft werden.

● Lassen Sie sich nicht von sogenannten
„Sonderangeboten" locken.

● Wenn Sie sicher sind, dass Sie einen Hund
haben möchten, informieren Sie sich bitte vorher,
welche Rasse für Sie in Frage kommt. Lassen Sie
sich von einer Tierärztin/einem Tierarzt beraten
und besuchen Sie ein Tierheim. Dort warten viele
Hunde – auch Rassehunde – auf ein neues Zuhause. Diese Tiere sind geimpft, entwurmt, gechippt,
und ein Impfpass ist für sie vorhanden.

● VIER PFOTEN fordert eine Kennzeichnungs-
und europaweite Registrierungspflicht für alle
Hunde als grundlegende Maßnahme zur
verantwortungsvollen Hundehaltung.

● Von der 4. bis zur 16. Lebenswoche ist die Prä-
gung und Sozialisierung die wichtigste Entwick-
lungs- und Lernphase im Leben eines Hundes.

- Ein Welpe, der zu früh von seiner Mutter weggeholt wird, hat Probleme mit dem Immunsystem und ist von vorne herein sehr anfällig für alle möglichen schweren Krankheiten.

- Die Händler tricksen bei den Impfpässen. Lassen Sie sich sofort den Pass für „Ihren" Hund zeigen und vergewissern Sie sich, ob die Angaben stimmen, bzw. stimmen können. Vor allem beim Alter des Tieres wird meist dreist gelogen.

KAPITEL 22

Das Millionengeschäft mit illegalen Welpen

Es geht bei der ganzen illegalen Welpenzucht und dem Vertrieb über Händler und Zwischenhändler doch nur um eines: Mit wenig Aufwand, ohne einen Hauch von Skrupel, mit großen kriminellen Energien ein Maximum an Gewinn zu erzielen.

Dass diesen Gewinn niemals das Finanzamt sieht, steht außer Frage. Und dass die Gesetze weder die Vermehrer noch die Händler in irgendeiner Weise hart treffen, ebenso.

Für das Telefonieren beim Fahrradfahren oder Autofahren gibt es höhere Strafen.

Solange sich nicht tiefgreifend in der Gesetzgebung und bei der Verfolgung dieser Machenschaften etwas ändert, wird das Martyrium für die armen Tiere niemals enden. Es wird immer wieder an jeder Ecke jemand stehen, der diese Hunde anbietet und es wird immer wieder Menschen geben, die diese Tiere kaufen. Aus welchen Gründen auch immer.

Man will ehrlich versuchen, auch die Käuferseite zu verstehen. Wieso kauft jemand einen Rassehund zum Schnäppchenpreis, ohne sich Gedanken zu machen, wieso diese Hunde um so vieles billiger sind als bei einem Züchter?

Discounthunde, nichts anderes.

Da ist jemand, der sich einen Hund wünscht. Seit geraumer Zeit ist dieser Jemand ohne festen Job. Die Tage vergehen einer wie der andere und die Chancen auf einen Wiedereinstieg in das Berufsleben werden mit eben jedem dieser Tage schwieriger. Irgendwann resigniert dieser Jemand. Alleine will dieser Jemand auch nicht mehr länger sein, deshalb soll ein kleiner Hund die trübe Einsamkeit ein klein wenig aufheitern. Das Leben hätte wieder einen Sinn, man hätte ein wenig Abwechslung.

Das wenige Geld, das dieser Jemand monatlich zur Verfügung hat, erlaubt es nicht, sich größere Ausgaben zu leisten. Also, da kommt dem Wunsch nach einem Welpen der Billigpreis doch ganz recht.

Nun hat dieser Jemand den Hund gekauft, hat sich einen Freund zum Liebhaben und Kuscheln in die eigenen vier Wände geholt und weiß noch nicht, dass er ab jetzt Abwechslung genug in seinem Leben haben wird: Denn er wird seine kommenden Tage und Wochen viel in den Vorzimmern von Tierarztpraxen verbringen. Und dieser Jemand wird an jeder Ecke sparen, denn die Rechnungen für die Tierärzte und für die Medikamente sind sehr teuer. Keinen Moment wird dieser Jemand daran denken, den Hund wieder zurückzugeben, denn die kleine Kreatur muss mit aller Macht gerettet werden.

Aber es sind auch Familien, die voller Mitleid so einen armen Hund retten wollen. Oder auch Prominente, wie Alena Gerber, die aus Mitleid in die Fänge einer kriminellen Händlerin kam.

Und das ist genau der verhängnisvolle Kreislauf, der das Geschäft der Vermehrer so florieren lässt.

Denn es gibt eben immer wieder jemanden, der sich

aus welchen Gründen auch immer, keinen Hund aus einer vorbildlichen Zucht holt, sondern einen von der Straße. Und wie bei allem im Leben, hofft man dann, dass man genau den einen unter 100 Hunden erwischt hat, der nicht nach kurzer Zeit sterben muss. Jedoch vorprogrammierte Enttäuschungen und die Förderung der Tierquälerei sind kein guter Start in ein glückliches Hundeleben.

Und die Vermehrer reiben sich die Hände, denn solange sie nicht gnadenlos verfolgt und hart bestraft werden, produzieren sie Elend und Tod am Fließband. Kein Cent kommt jemals als Steuern wieder zurück. Die Welpen sind die perfekte Gelddruckmaschine für diese Händler.

Wir gehören der EU an, es gibt gemeinschaftliche Gesetze, feste Normen für dies und das, es gibt Regularien, die einem manchmal übertrieben vorkommen – wie die Krümmung einer Salatgurke – aber es gibt sie und sie werden deshalb befolgt.
Man regt sich sogar in der Weihnachtszeit auf, wenn die Presse aufdeckt, dass deutsche oder österreichische Weihnachtsbäume gar nicht aus den heimischen Wäldern kommen, sondern aus dem Ostblock, aber bei den armen Tieren wird weggeschaut.

Wieso kann man sich nicht endlich zusammentun und EUROPAWEIT Regeln und Gesetze gegen diese illegalen Hundehändler erlassen?
Dealen wird hoch bestraft, der kriminelle Deal mit der Ware Hund jedoch nicht. Und solange nichts geschieht, wird das Millionengeschäft mit dem illegalen Hundehandel weiterflorieren.

KAPITEL 23

ALENA GERBER UND IHR TRAURIGES ERLEBNIS NACH EINEM WELPENKAUF

Im Sommer besuchte ich eine Veranstaltung und da traf ich eine liebe Fernsehkollegin – zwar von einem anderen Sender, aber man kennt einander trotzdem – die Schauspielerin und Moderatorin Alena Gerber. Nach kurzer Zeit des Smalltalks sagte sie zu mir: „Christopher, ich habe gehört, dass du dich nicht nur in deiner TV-Sendung mit dem Thema Welpenmafia auseinandersetzt, sondern, dass du darüber auch mit Gerda und Volker ein Buch schreibst. Ich finde das super wichtig und ich habe da eine ganz persönliche, sehr traurige Geschichte, die ich dir gerne erzählen möchte."

Wir gingen zu einer kleinen Sitzgruppe, setzten uns so, dass wir ungestört plaudern konnten, und bereits nach wenigen Minuten war ich im Bann von Alenas ergreifender Story:

„Es war vor zwei Jahren, es war ein wunderschöner Morgen, als ich nahe meinem Zuhause in Schwabing an einer Fußgängerampel stand und eigentlich nur – zum Shoppen gehen – die Straße überqueren wollte.

Wie sich dann herausstellte, stand neben mir eine Rumänin, die offenbar auch auf die andere

Straßenseite wollte. Ich sah und hörte im Korb dieser Frau einen winzig kleinen Hund leise wimmern. Ich konnte von diesem einen Moment an kaum den Blick von dieser kleinen Kreatur wenden.

Sofort wurde ich von der Frau angesprochen:
"Na, willste Hund haben? Wenn nicht, dann ich werfen den Köter in Isar und totmachen!"
Was?
Wieso?
Habe ich alles verstanden, was die Frau da in gebrochenem Deutsch gestammelt hat?
Wieso will sie, um Himmelswillen, den Hund in der Isar ertränken?

Auf meine fassungslose Frage nach dem WARUM, antwortete sie mir:
"Bin ich mit 6 Hunden heute nach München gekommen und der Mann, mit dem ich getroffen, wollte nur 5 Hunde kaufen!"
"Ja, und? Wieso wollen sie den einen dann umbringen?", fragte ich sie.

"Nix Interesse an Hund. Will nicht mit Hund nach Rumänien zurück. Ist nur Arbeit und brauch ich nix Hund. Besser in Fluss und tot!"

Ich traute meinen Ohren nicht und nahm, wie unter Hypnose, das kleine Hündchen aus dem Korb und in meinen Arm. Der Welpe zitterte am ganzen Körper und seine Augen sahen mich – ich hab es mir nicht nur eingebildet – echt flehend an. Ich hatte nun das kleine Bündel Hund in der Hand und wusste in genau diesem

131

Moment, dass ich ihn mit nach Hause nehmen würde.

„Wie können Sie den kleinen Hund ertränken wollen? Nur weil sie es sich einfach machen wollen bei der Heimreise? Schämen Sie sich!" Ich war sehr aufgebracht.

Eigenartigerweise ging alles danach furchtbar schnell, denn die Rumänin erkannte sofort, dass sie in mir jemanden vor sich hatte, der ihr in die Falle ging. Ich war das perfekte Opfer. Maßgeschneidert für ihre kriminellen Zwecke.

Ich hatte noch niemals zuvor in meinem Leben eine solche Situation erlebt und nichts und niemand hatte mich je darauf vorbereitet. Aber in diesen wenigen Minuten war mein Herz so voller Mitleid, dass ich für mich persönlich nur das vermeintlich einzig Richtige machte: ich nahm den Hund und rettete ihm das Leben.

Jetzt sagte die Frau, dass sie Geld will.

„Geld? Wieso Geld? Sie wollten doch den Hund ertränken?"

„Du Geld zahlen müssen, wenn du Hund nehmen – ist Schutzgeld!"

„Wie viel?" fragte ich leider unbedarft.

„Was du hast dabei?" fragte die Frau.

In der einen Hand den kleinen zitternden und wimmernden Hund, öffnete ich mit der anderen meine Börse um nachzusehen, und da waren so an die 250 Euro in bar drinnen.

Das erblickte offensichtlich die Rumänin auch sofort, denn sie sagte: „Das alles musst DU geben – ist SCHUTZGELD! Muss sein!"

Ich war völlig baff – und wie schon gesagt, noch niemals zuvor in so einer Situation – doch das Mitleid mit dem kleinen armen Hund war so groß, dass ich der Frau mein ganzes Bargeld gab. Eine völlig blöde Handlung, aber ich tat es trotzdem.

Zuhause angekommen war der Hund noch ca. 2 Stunden „beinahe normal", zwar verschreckt, aber sonst in Ordnung. Ich streichelte ihn die meiste Zeit und sprach lieb und sanft auf ihn ein. Ich gab ihm den Namen Cookie, ich gab ihm Wasser, ich rief bei einem Tierarzt an, besorgte dem kleinen Hund das beste Futter, das es zurzeit am Markt für Welpen gab und fütterte ihn ein wenig damit. Viel fraß er nicht und er wollte auch kaum etwas trinken. Er hatte auch gar kein weiches Welpenfell, er war eher struppig und machte einen sehr verwahrlosten Eindruck. Aber ich war mir ganz sicher, dass sich das alles bei meiner liebevollen Behandlung in kürzester Zeit ändern würde. Der Kleine hatte mein Herz im Sturm erobert. Lange schon hatte ich mir einen Hund anschaffen wollen und immer wieder kam etwas dazwischen. Mal beruflich, mal privat – aber der Wunsch nach einem Hund war latent da.
Nun hatte mir das Schicksal diesen kleinen Liebling in den Arm gelegt.

Noch immer lag er fast teilnahmslos in meinen Armen und ich tröstete mich mit: ist ja klar, ist ja alles fremd für ihn.
Mit einem Mal wollte er sich auf eine der vorbereiteten Kuscheldecken legen und schlief sofort

133

ein. Er lag regungslos da und es kam mir eigen-
artig vor, dass sich der Kleine gar nicht mehr
rührte.

Als ich nachschaute, sah ich, dass der Hund
Schaum vorm Mund hatte.
Ich schnappte ihn sofort und fuhr zum Tierarzt
in die Uniklinik München.
Der Tierarzt sagte mir unverblümt die Wahr-
heit: dieser kleine Hund wurde für die Stunden
des „Verkaufs" von der Rumänin quasi mit Mit-
telchen „aufgeputscht" – und als die Wirkung
nachgelassen hatte, verfiel er in diese schlechte
Verfassung.
Ich konnte und wollte mir nicht vorstellen, dass
das stimmen sollte, doch der Arzt sprach offen-
bar aus Erfahrung. Andererseits hatte ich ja die
Hartherzigkeit der Rumänin selbst erlebt und
war mir sicher, dass ihr jede Schandtat zuzu-
trauen war.

Es wurde seitens des Arztes „noch sehr auf-
wendig versucht", den kleinen Hund zu retten,
aber vergeblich – nach einigen Stunden Kampf
um sein Leben, musste der Welpe eingeschläfert
werden.
Ich hatte diesen Hund kaum einen Tag und dann
starb er qualvoll.
Ich war sehr traurig und wäre sehr froh gewe-
sen, hätten am Ende die 1200 Euro an Tierarzt-
rechnung meinem kleinen Schatz auch zum
Weiterleben verholfen.
So aber hatte mich das Erlebnis „vergebliche
Hunderettung" für einen einzigen Tag 1450 Euro
gekostet."

Man merkte Alena auch nach zwei Jahren noch ihre tiefe Betroffenheit an.

Sie ging einer Kriminellen ins Netz, einer, die möglicherweise gleich nach dem Verkauf des Hundes an Alena den nächsten Hund in ihren Korb gelegt hatte und an einer anderen Münchner Kreuzung dasselbe üble Spiel mit einer anderen Person abzog.

Leider – seit meinen umfangreichen Recherchen weiß ich das – sind das alles keine Einzelfälle. Diese Händler haben Tricks auf Lager, auf diese Ideen käme kein Drehbuchautor!

Nach ihrem furchtbaren Erlebnis mit einem Vermehrerwelpen genießt Alena Gerber ihr großes Hundeglück mit einem süßen Magyar Vizsla namens Dexter aus einer seriösen Zucht.

KAPITEL 24

DAS GRAUSAME SCHICKSAL DER VERMEHRERHÜNDINNEN

Ich habe festgestellt: Wenn von der Welpenmafia die Rede ist, haben die meisten gleich das Bild der Billig-Welpen vor Augen, die verdreckt und krank und zu Dutzenden in Käfigen zusammengepfercht durch die Lande transportiert werden, um irgendwo unter den fadenscheinigsten Ausflüchten an den Mann oder die Frau gebracht zu werden.

Nur die wenigsten denken an die vielen tausend Hündinnen, die in Vermehrerstationen als lebende Gebärmaschinen ein wahres Martyrium durchleiden müssen. Sobald sie das erste Mal in ihrem jungen Leben in die Hitze kommen, werden sie gedeckt, ob sie das nun wollen oder nicht. Zur Not werden sie in einem Gestell festgeschnallt, damit der Deckrüde sie bespringen kann, womit der Deckakt zu einer Vergewaltigung gerät. Diese Brutalität wiederholt sich für die bedauernswerten Geschöpfe ab da zweimal jährlich, denn jede Hitze der Hündin, in der sie nicht gedeckt wird, bedeutet für den Vermehrer Geldverlust.

Zur Verdeutlichung: Während eine Zuchthündin bei einem seriösen Züchter in ihrem Leben allenfalls drei oder vier Geburten hinter sich bringt, kommt eine Hündin bei einem Vermehrer locker auf die drei- bis vierfache Zahl – ein Raubbau an ihrer Gesundheit, damit der Profit stimmt.

Wenn die Hündin irgendwann ihr Soll erfüllt hat, was nichts anderes heißt, als dass sie so kaputt und ausgemergelt ist, dass sie eine weitere Trächtigkeit nicht überleben würde, wird sie ausgesondert.

Niemand weiß, wie viele tausend Hündinnen jedes Jahr einfach erschlagen werden, weil sie für den Vermehrer unbrauchbar geworden sind und der Knüppel eben die kostengünstigste Tötungsmethode ist. Der letzte Zweck, den eine solche Hündin nach ihrem brutalen Tod vielleicht noch erfüllt, ist es, den anderen Hunden in der Vermehrungsstation als billiges Futter zu dienen. Es bedarf wohl keiner Erwähnung, dass es den Deckrüden nicht anders ergeht, wenn sie krank oder zu alt geworden sind.

Nur wenige Rüden und Hündinnen schaffen es, lebend aus dieser Hölle zu entkommen, und dann gibt es Menschen, die sich dieser alten und verbrauchten Hunde annehmen. Menschen, die geduldig warten, bis so ein armes Wesen, das in seinem bisherigen Leben nur Schlechtes erlebt hat, nach Wochen das erste Mal von sich aus an einer Hand schnuppert. Das sich nach weiteren Wochen das erste Mal streicheln lässt, und wieder eine ganze Zeit später das erste Mal von dieser Hand Fressen entgegennimmt, weil es das verlorene Vertrauen in den Menschen wenigstens ansatzweise zurückgewonnen hat.

Auf der Website www.leid-der-vermehrerhunde. de beschreiben diese Menschen ihre anrührenden, ergreifenden und traurigen Erlebnisse mit solchen ehemaligen Vermehrerhunden, die sich mit viel Zeit, Geduld und Verständnis für den bisweilen kurzen Rest ihres irdischen Daseins wieder zu treuen und dankbaren Geschöpfen entwickeln.

Ich durfte mit freundlicher Genehmigung von Frau Jennifer Regenbrecht einige dieser schicksalhaften Geschichten wiedergeben und bedanke mich ganz herzlich dafür. Und wir alle in der Gesellschaft dürfen stolz sein, dass es solch wunderbare Menschen auch gibt:

Die Geschichte von Marissa

Vor 2 Jahren kam Marissa zu uns, als Pflegehündin. Sie war in einem elenden Zustand. Sie hatte noch mit 10 Jahren Welpen bekommen müssen, die ihr dann wahrscheinlich zu früh einfach weggenommen wurden. Zwei Tumore so groß wie Tennisbälle hingen an ihrer Gesäugeleiste. Mit diesen Tumoren musste sie die Welpen noch stillen.

Unvorstellbare, unerträgliche Schmerzen müssen es für Marissa gewesen sein. Zudem hatte sie eine starke Harnwegsinfektion und hat über 4 Wochen schieres Blut im Urin gehabt.

Ihre letzten Welpen haben ihr alle Kräfte geraubt und es traf sie der Schlag. Mausi, wie wir Marissa liebevoll nennen, hatte einen Schlaganfall bekommen. Somit war sie nichts mehr wert für den sogenannten Züchter. Er konnte kein Geld mehr mit Marissa verdienen und so wurde sie einfach weggeworfen und ihrem Schicksal überlassen.

Als Mausi ankam, wussten wir nicht, ob sie es überlebt. Wochen der Angst lagen vor uns, sie konnte aufgrund der schlechten Blutwerte und Entzündungen nicht operiert werden. Vier Wochen hat es gedauert, dass Marissa soweit stabil war, dass man eine OP wagen konnte, aber auch musste. Die Zeit drängte, denn es ging ihr nicht gut. Bevor sich ihr Zustand wieder verschlechterte, entschieden wir uns für die riskante Operation.

Die lange und schwierige OP hatte sie Gott sei Dank überstanden. Die Gebärmutter und die Eierstöcke waren übersät von Zysten. Ihre Harnblase, so groß wie ein kleiner Luftballon. Es dauerte sehr lange, bis Marissa sich davon erholt hatte. Dazwischen gab es Tage, wo wir dachten, dass wir sie nun doch verlieren und der Kampf umsonst war. Doch Marissa wollte es uns zeigen und vor allem ihre Dankbarkeit.

Leider waren die Tumore alle bösartig und laut Pathologe auch schon unter der Haut gestreut. Leider ist das nicht alles, denn wie bei allen Zuchthündinnen gibt es mehrere Baustellen.

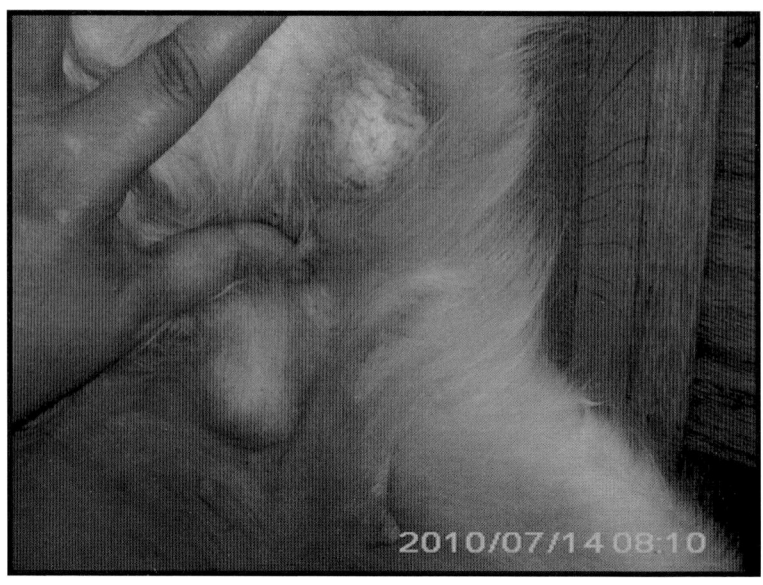

Mausi hat ebenfalls Spondylose, so dass sie öfters hinten einknickt.

Seit kurzem hat sie Zuckungen im ganzen Körper. Als wenn ein Stromschlag durch ihren zarten, gebrechlichen Körper geht und dabei knicken die Vorderpfötchen ein. Das ganze dauert ein paar Sekunden. Sind es vielleicht Vorboten von Anfällen? Wir wissen es nicht.

Vielleicht wollen wir es auch nicht wissen, denn Marissa soll es nur noch gut gehen.

Weil sie so todkrank ist, konnten wir sie einfach nicht mehr gehen lassen und für sie waren wir schon längst ihre Familie. Zu groß ist die Liebe zu Marissa und sie soll nicht schon wieder zu fremden Menschen. Sie vertraut uns und soll nicht wieder enttäuscht werden.

Ich hoffe, dass ich die Kraft habe, Marissa beizustehen, wenn sie sich entschieden hat zu gehen. Ich werde auf ihr Zeichen warten und bis dahin werden wir die Zeit, die uns noch bleibt, genießen. Sie zeigt uns jeden Tag aufs Neue, wie dankbar sie ist … mit ihrer bedingungslosen Liebe.

Ich kann alle nur warnen, schaut euch genau an, wo ihr eure Welpen kauft. Schaut euch genau die Elterntiere an und wie sie gehalten werden.
Wendet Euch an den VDH , wenn ihr euch nicht sicher seid, beim VDH bekommt ihr kompetente Beratung und Züchteradressen.

Von Marissas Familie geschrieben am 30.03.2012:

Marissas Zustand hat sich sehr verschlechtert, dass wir in großer Sorge um sie sind. Sie fällt nun hinten weiter in sich zusammen, sie wird immer dünner. Ihre Glieder hat sie teilweise nicht mehr unter Kontrolle, so dass sie öfter einknickt, auch beim Laufen. Sie zittert oft und muss von uns unterstützt werden.
Wir haben versucht die Epilepsie mit neuen Medikamenten in den Griff zu bekommen. Sie bekam dadurch leider starke Krampfanfälle, so dass sie sich einkotete und ihre Blase nicht halten konnte. Es ging ihr von Stunde zu Stunde immer schlechter. Nun bekommt sie nur noch die nötigsten Medikamente. Wir sind in uns gegangen und haben uns schweren Herzens entschieden, dass nur noch ihre Lebensqualität erhalten werden soll. Sie soll nicht leiden und

soll nur noch unsere Liebe spüren. Wenn sie sich entscheidet, ihre letzte große Reise anzutreten, werden wir bei ihr sein und zusammen warten. Sie soll nicht mit Schmerzen gehen. Sie soll glücklich und zufrieden ihren Weg gehen und für sich selber entscheiden und wir werden es akzeptieren.

† 09.04.2012

Mollys Tagebuch – ein Auszug

(Das vollständige Tagebuch findet sich auf der Website)

10.11.2009

Heute zog Molly bei uns ein. Völlig entkräftet und in einem schlechten Zustand. Molly wurde uns als ehemalige 3-jährige Labrador-Zuchthündin angekündigt. Nun ist sie hier, eine ca. 7-8-jährige Golden-Retreiver-Hündin.

Als ich sie sah, konnte ich nur ungefähr erahnen, was sie durchgemacht hat und wie man mit ihr umgegangen ist. Ihr Körper, ihr allgemeiner Zustand hat nichts mehr einer 7-8-jährigen Golden-Hündin zu tun, die wir auf unseren Straßen glücklich und zufrieden mit ihren Menschen antreffen.

Das Gesäuge hängt sehr stark und recht schnell fand ich einen recht großen Tumor an einer ihrer Zitzen. Beide Augen stark entzündet und deren Behandlung war sicher kein Thema für den „Züchter". Nein, fressen mochte sie nicht, sie wandert lieber durch die Zimmer und hat leider einen Zwingerkoller (ständiges im Kreis laufen).

Trotzdem ist Molly eine offene und freundliche Hündin, die sofort auf jedes Familienmitglied zugeht, aber bitte nicht angefasst werden möchte. Sie hat Angst vor unseren Händen.

Nun ist sie endlich zur Ruhe gekommen. Wir haben gleich die Gelegenheit genutzt und sie vorsichtig gebadet, der alte Mief muss runter und das wärmende Wasser tut ihr einfach nur gut. Sie genießt es und bekommt gar nicht genug von den Zuwendungen und dem warmen Wasser. Jetzt aber schnell abtrocknen, gut einpacken, damit ihr dünner Körper nicht friert und auskühlt, und sorgsam auf ihr Fell legen.

Leider ist das Abtrocknen nicht wirklich prickelnd, jedenfalls für uns nicht.

Molly hat schleimigen, blutigen Ausfluss. Der Tierarzt wird eine Menge zu tun und zu kontrollieren haben. Hoffentlich hat sie keine ernsthafte Erkrankung, wir können jetzt nur noch auf morgen warten, beten und bangen.

11.11.2009

Heute Morgen haben wir Molly ins Auto getragen und sind mit ihr zum Tierarzt zur ersten großen Begutachtung gefahren. Wie wir schon vermutet haben, ist die vorläufige Diagnose niederschmetternd. Mit dem geschätzten Alter lagen wir richtig. Sie hat einen sehr instabilen Kreislauf, eine Pilzinfektion in beiden Ohren und ca. 30 Zecken. Molly hat eine Augenentzündung und eine Trübung des linken Auges.

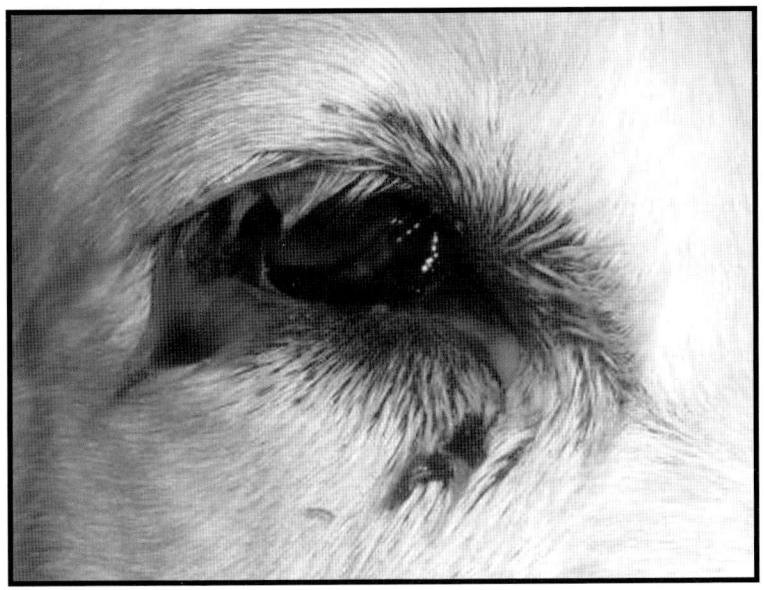

Ob die Trübung vorübergehend ist, muss noch abgeklärt werden. Ursache scheint der obere Augenrand zu sein. Nach innen gerollt und somit liegen die Wimpern auf dem Auge und reiben ständig auf der Hornhaut. Die Haut ist in keinem guten Zustand, wird noch analysiert. Molly ist scheinträchtig, sie produziert Milch. Ein größerer Tumor in der Gesäugeleiste, da werden wir viel später drauf eingehen müssen. Es sieht alles danach aus, als hätte Molly eine Gebärmutterentzündung, vielleicht deswegen der schleimige und blutige Ausfluss. Die Lymphdrüsen sind angeschwollen.

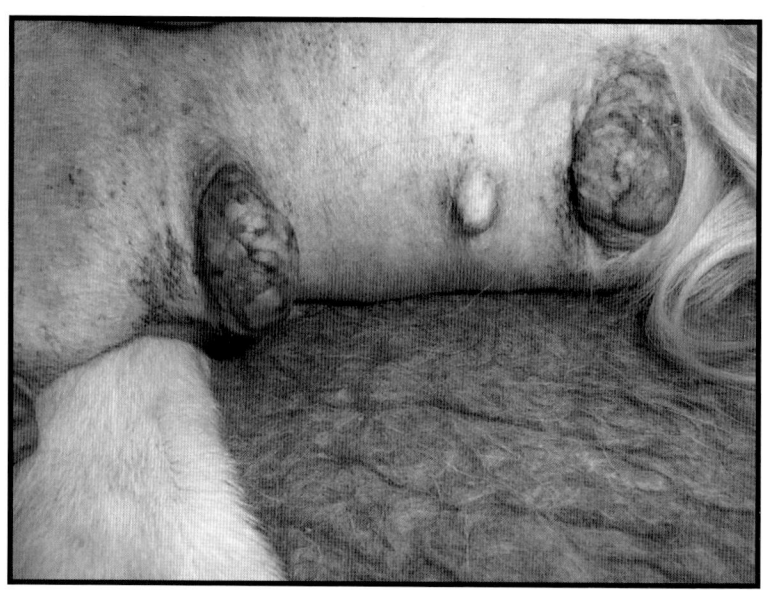

12.11.2009

Am frühen Nachmittag dann der Anruf vom TA, Molly muss sofort in die Klinik gebracht und gleich morgen operiert werden. Der Grund, es lag ja schon in der Luft, ja, sie hat eine Gebärmutterentzündung. Die Werte verlangen eine sofortige Operation, sonst verlieren wir sie. Da Molly schon an inneren Blutungen leidet, brauchen wir einen hundischen Blutspender. Wir haben gleich unseren lieben Ben geschnappt und ab in die Tierklinik. Nun sind sie beide in der Klinik, der edle Spender Ben, der sich von dieser Anstrengung erholen muss, und Molly, die um ihr Leben kämpft.

Bens Blut wird ihr Kraft und neues Leben geben. Wir sind so stolz auf unseren Ben, ein schönes Gefühl, einen hundischen Lebensretter zu kennen und zu lieben.

13.11.2009

Molly hat die Operation gut überstanden. Sie liegt noch in der Klinik und erholt sich und schläft ihren Narkose-Rausch aus.

15.11.2009

Die Nacht war ruhig, Molly schläft fast ununterbrochen. Sie frisst aber schon, war auch schon im Garten und hat sich gelöst. Alles sehr langsam, mühselig aber ein Funken Hoffnung ist da. Heute Mittag kommt der TA zur weiteren Kontrolle und ich vermute, dass sie heute noch mal eine Infusion benötigt.

19.11.2009

Wenn wir gestern gewusst hätten, dass Molly heute noch einen weiteren Schritt zurück macht, hätten wir diese Nacht ganz sicher noch schlechter oder gar nicht geschlafen.
Sie stand nicht mehr auf, verweigerte alles was man ihr anbot und wurde immer schwächer. Unser TA untersuchte sie und zum ersten Mal kam uns der Gedanke, ob wir sie evtl. gehen lassen müssen. Wir stellten uns die Frage, will sie überhaupt noch leben, hat sie sich vielleicht schon aufgegeben. Da fließen die Tränen und man ist nur noch verzweifelt.

26.11.2009
Hier im Haus läuft alles sehr entspannt und unsere liebe Molly auch. Sie spürt langsam, dass ihr neues

Leben nicht nur ein Traum sondern Wirklichkeit ist. So genießt sie die Wärme, die Geborgenheit und gewinnt immer mehr Vertrauen zu uns. Sie schläft immer weniger und nimmt an unserem Leben teil und ist mittendrin.

05.12.2009

Es gibt Neuigkeiten von Molly, die einem das Herz aufgehen lassen. Sie geht mit uns bis zu 15 min. in den Park, wo sie auch schon die ersten Kontakte zu fremden Hunden hatte. Mit fremden Menschen möchte Molly nichts zu tun haben. Sie bleibt wie angewurzelt stehen und sichert schon mal ihre Rute und klemmt sie unter ihren Bauch. Braucht halt alles seine Zeit und sie wird sich schon an die Menschen, die uns begegnen, gewöhnen. Ich achte darauf, dass sie uns nicht zu nahe kommen.
Wenn wir beide alleine gehen und keine „bösen" Menschen da sind, geht sie schon ein wenig entspannter neben mir her und wedelt auch dabei mit ihrer Rute. Vor allem wenn wir sie ständig loben, das genießt die kleine Eisbärin.
Heute hat sie zum ersten Mal in unserem Garten gebuddelt, jepp das macht Freude.

24.01.2010

Am 04.02.2010 wird Molly wohl hoffentlich ihre letzte OP durchstehen müssen. Eine sicher nicht einfache und eine weitere schmerzvolle Erfahrung für unsere Kleine. Die Gesäugeleiste samt Lymphdrüsen muss entfernt werden.

Die OP ist wegen der Hinzubildungen, die zwar im Augenblick noch keine mittelbare Gefahr für Molly's Gesundheit darstellen, aus medizinischer Sicht dringend erforderlich. Wir sind nervös, wir haben auch eine gesunde Angst vor diesem Eingriff. Molly ist in einem sehr guten allgemeinen körperlichen Zustand so glauben wir, dass wir uns nun für den richtigen Zeitpunkt entschieden haben. Molly wird es auch dieses Mal schaffen, wir sind wie immer bei ihr, wir unterstützen sie und glauben an ihre Kraft und ihren Lebenswillen.

05.02.2010

Molly hat die OP durchgestanden. Heute mittag konnte sie aus der Klinik abgeholt werden und erholt sich nunmehr in ihrer Pflegestelle. Nun heißt es abwarten, hoffen auf einen reibungslosen Heilungsverlauf und Molly wird sich in aller Ruhe von den Strapazen erholen können.

08.02.2010

Molly's Operation verlief ohne Komplikationen. Nach der Operation blieb sie zur Beobachtung eine Nacht in der Klinik. Wir holten Molly aus der Klinik ab und umsorgten sie und hofften, dass es bald für sie aufwärts gehen würde. Sie war gut versorgt, die Schmerzmedikamente sorgten dafür, dass Molly die erste Nacht recht gut überstand. Auch stand sie auf und ging langsam und auf wackeligen Beinen hinaus in den Garten um sich zu lösen.

09. Februar 2010

Am 08. Februar 2010, am späten Abend, verschlechterte sich Molly's Zustand. Wir standen zwischen Hoffnung und Angst, was wird nun werden.
Wir saßen bei ihr und sahen ihren Kampf, gaben ihr Zuversicht und streichelten sie, wir sahen sie in Liebe an und wussten ganz tief in uns, dass kein Tierarzt ihr das geben konnte, was sie sich wünschte. Wir hatten die Wahl sie noch einmal in die Klinik zu bringen und ihr mit einer Blutspende, die schon unterwegs war und am nächsten Morgen zur Verfügung stand, zu helfen. Wir saßen die ganze Nacht bei ihr, sprachen mit ihr und machten ihr Mut, sich zu entscheiden.
Sie war ruhig, entspannt und wartete mit uns.
Um 7.11 Uhr am nächsten Morgen schlief Molly dann in meinen Armen für immer ein. Sie schaute mich an und verließ diese Welt. Ich spürte, dass sie nicht voller Schmerz ging. Nein, sie ging glücklich und zufrieden ihren Weg.

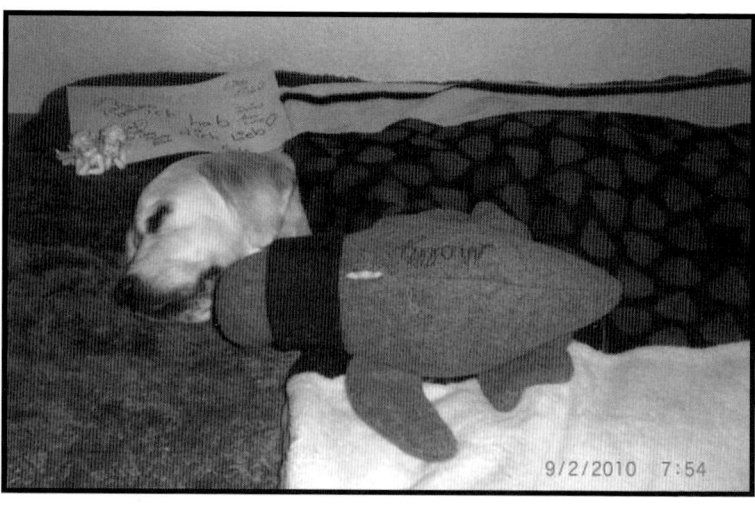

Molly hat für sich selber entschieden zu gehen und ich akzeptiere. Viele Tage später erinnere ich mich, dass Molly Zeichen setzte und ich bin traurig und glücklich, dass ich sie erkannt habe und in ihrem Sinne gehandelt habe.

Ich bin Molly unendlich dankbar, dankbar für die Zeit, die wir mit ihr verbringen durften. Sie hatte ihre Familie schon längst gefunden, und sie konnte sich fallen lassen. Es waren 3 wunderbare aber auch harte Monate, dennoch ich bin sehr glücklich sie gekannt zu haben.
„Sie war nicht von dieser Welt", unser „Engel", eine „ganz besondere Hündin".

Danke meine liebe Molly.
Jenny mit Familie

Die Geschichte von Stine:
„Leer geblieben – ausrangiert"

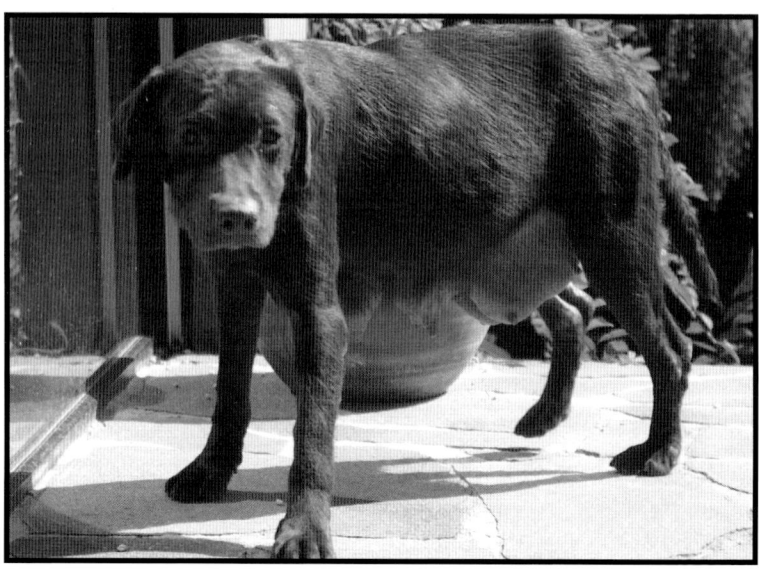

Stine, Labradorhündin, ist 5 Jahre alt. Ihr Leben verbrachte sie in einer Vermehreranlage in Belgien. Fünf lange Jahre ohne Sonne, ohne Gras. Ein Leben auf Beton, ohne Liebe, ohne Würde und ohne streichelnde Hände.

Mangelernährt und als Wurfmaschine missbraucht. Keinerlei Gewissensbisse seitens des Vermehrers. Ernährung?

Schimmelndes Brot und verdorbene Essensreste? Vielleicht im Idealfall Rindertalg mit Mehl vermischt. Das „klassische" Nahrungsmittel für Gebärmaschinen!

Stine hat ihren ersten Wurf bereits in der ersten Hitze „produzieren" müssen. Absolut kein Einzelfall! Das Ergebnis? Stine hat all die Energie, die sie selbst für ihre eigene Entwicklung benötigt hätte, in ihre Babies investiert. Man sieht es ihr heute deutlich an: Klein, zart und mit einer Taille, die kaum eine Breite von 15 cm aufweist.

Hitze um Hitze wurde Stine belegt und musste ihre Welpen unter katastrophalen Verhältnissen austragen. Allein gelassen. Kälte und Hitze schonungslos ausgesetzt. Keinerlei medizinische Versorgung und keine helfende Hand bei den Geburten.

„Schwund" wird einkalkuliert!

Unvorstellbare Verhältnisse!

Schmutz, Gestank und tote Welpen sind in diesen „Zuchtanlagen" an der Tagesordnung! Mütter, denen die Welpen viel zu früh abgenommen werden. Traumatisierte Mütter, die zurückbleiben und nicht verstehen können, was ihnen passiert. Hunde, die gebrochen werden, ohne sich wehren zu können.

Ein Missbrauch, der wie gesagt täglich in Deutschland, Holland, Belgien und vielen, vielen weiteren Ländern passiert!

Zurück bleiben ausgebeutete Hundemütter, die irgendwann einfach sterben, oder in letzter Instanz nochmal verkauft werden, um in den Ländern Osteuropas letzte Würfe zu produzieren, die dann nur noch ganz wenige Welpen umfassen, aber einen letzten Profit erzielen. Ein unbeschreibliches Elend, bei dem man nicht wegschauen darf!

Stine hatte Glück. Durch gute Zusammenarbeit von Tierschützern aus verschiedenen Ländern durfte sie ein Tierschutzhund werden. Aufgedunsen von Würmern, mit nackten Stellen und vielen Wunden am gesamten Körper, stark unterernährt, der Bauch kahl geschoren nach einem Ultraschall. Dessen vermeintlich negatives Ergebnis war ihre Fahrkarte in die Freiheit!

„Leer geblieben - ausrangiert"

Stine hatte aber dennoch unbemerkt ein großes und süßes Geheimnis: Trotz eines Gewichtes von nur 16 Kilo war die 5-jährige Hündin unbemerkt tragend. Als die Trächtigkeit in der Pflegestelle bemerkt wurde, war das Entsetzen groß. Für einen Abbruch der Trächtigkeit war es längst zu spät.
Stine mit dem so unendlich zarten Gewicht und den riesigen gequälten Augen hatte eine unglaubliche Strapaze vor sich. Nur: Dieses Mal würde sie nicht allein sein...!
Zur Trächtigkeit kam nun die Eingewöhnung in ein neues und endlich liebevoll umsorgtes Leben. Erste Tage vergingen mit starren Pupillen, Angst und ständigem Laufen im Kreis, bis die kleine Maus endlich etwas zur Ruhe kam.
2 Wochen später setzten die Wehen ein und eine dramatische Geburt begann. 20 Stunden schwerster Geburtsarbeit mit dem Ergebnis: Acht lebende Welpen und zwei, die es leider nicht geschafft haben. Eine völlig erschöpfte und so maßlos tapfere Mutterhündin, die wieder mal nur ihre „Pflicht" erfüllte, und so viele bange Stunden um das Leben von Stine und das der Welpen!
Stine erholte sich langsam und war eine wundervolle Mama. Sie entwickelte sich zu einer zarten Schönheit an Körper und Geist. Noch waren die Sorgen aber nicht zu Ende! Stine litt nun an einer Gebärmutterentzündung und bekam Antibiotika. Sobald die Welpen in sorgfältig vorkontrollierte Familien vermittelt waren, erfolgten die notwendige Kastration und die Entfernung der Gesäugeleisten, die deutliche krankhafte Veränderungen zeigten.
Stine hat ihr neues Zuhause in ihrer Pflegefamilie ge-

funden, dort bekam sie die Ruhe und Zeit, alles zu erkennen, zu erleben und zu erlernen, was man ihr in den ersten fünf Jahren ihres Lebens nahm.

Stine bei Ankunft in Ihrer Pflegestelle:

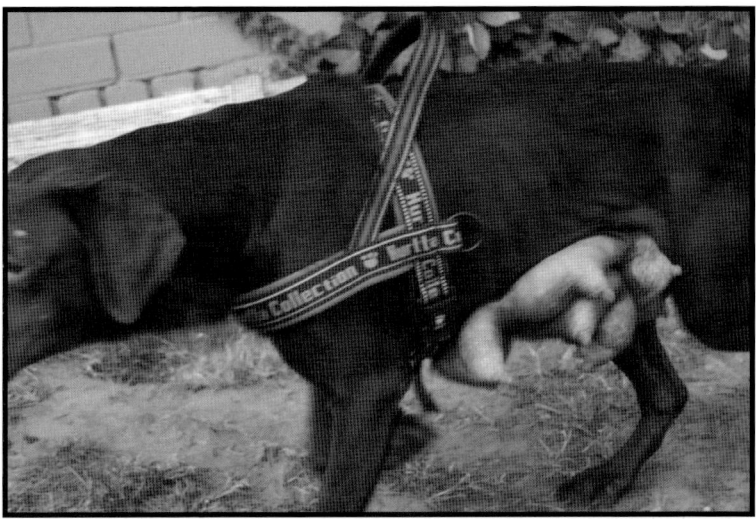

Ein vollkommen „normales" Gesäuge bei einer Vermehrerhündin! Der Anblick verdeutlicht die Qualen, die diese Hunde erdulden müssen:

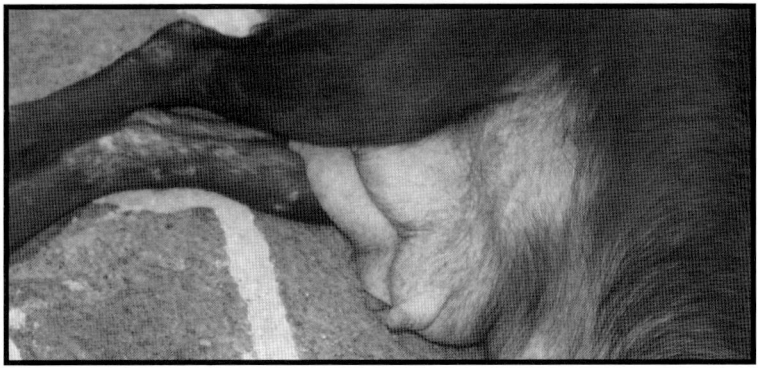

Wir möchten an dieser Stelle nochmals und wieder mahnen: Kaufen Sie niemals einen Welpen aus einer solchen Zuchtstätte.

Tragen Sie nicht zu den endlosen und bitteren Qualen dieser Hündinnen bei, indem Sie „Ihren" Welpen an dubiosen Stellen und Verkaufsbörsen erwerben und Ihre Auswahlpriorität an der Höhe des Preises festmachen.

Sie verursachen mit einem solchen Kauf nur großes Tierleid und gut gefüllte Kassen der Vermehrerbetriebe!

Gute, gesunde, wesensfeste Tiere zu züchten ist mit sehr viel Aufwand, Sorgfalt und Kosten verbunden, sowohl für die Welpen, wie auch für die lebenslange Versorgung der Elterntiere.

Stine 1 Jahr später... sie hat es endlich schön!

Soweit die ergreifenden Lebensgeschichten der Vermehrerhündinnen Marissa, Molly und Stine, die ohne Rücksicht auf ihre Gesundheit einen Großteil ihres Lebens dazu verdammt waren, so viele Welpen wie möglich zu gebären, nur damit ihr Besitzer seinen Profit machen konnte.

Die Welpen, die nicht im zarten Alter von wenigen Wochen einen Abnehmer finden, sind irgendwann für den Vermehrer uninteressant, denn zu alte Hunde – über drei! Monate – sind wegen des fehlenden Niedlichkeitsfaktors nur noch schwer zu verkaufen. Solche Hunde sind, wenn sie nicht an Krankheiten sterben, in den meisten Fällen dazu verdammt, die nächste Generation der Vermehrerrüden und -hündinnen zu bilden und, sobald sie geschlechtsreif sind, als Vervielfältigungsmaschinen zu dienen.

Manchmal kommen solche zu „alten" Hunde auch davon, weil sie aus irgendwelchen Gründen einfach nicht trächtig werden und dann doch noch zu Geld gemacht werden können. So sind auf der Website von „Leid-der-Vermehrerhunde" auch die Schicksale von Cher und Bille geschildert, zweier Hündinnen, die nie Welpen zu Welt gebracht haben, aber trotzdem körperlich und seelisch zerschunden wurden. Auch diese Geschichten durften wir übernehmen und nachfolgend abdrucken.

Cher

Cher wurde im Dezember 2006 bei einem Vermehrer geboren. Ihr lückenlos geführtes Impfbuch und wenige bekannte Grundkommandos lassen vermuten, dass sie von dort aus in eine Familie verkauft wurde.

Das klingt zunächst ja mal gut, aber so ist es wohl nicht geblieben. Cher war nicht gesund, starke Darmprobleme führten dazu, dass sie sich nicht richtig entwickelte und viel zu dünn war.

Die Impfeinträge verteilten sich im ersten Lebensjahr quer durch das Land. Cher wurde ein echter Wanderpokal und landete wieder bei einem Vermehrer.
Es wollte sich wohl niemand um ihre Gesundheit kümmern, und was die Erziehung und eine ausgeglichene Prägephase angehen war der Zug schon längst abgefahren.

Nun sollte sie zur Zuchtmaschine gemacht werden, Welpen sollte sie produzieren, möglichst viele. Hormonbehandlungen und die üblichen Methoden der Vermehrer haben ihr offensichtlich „den Rest" gegeben. Aus der Welpenproduktion wurde nichts. Entweder blieb die Läufigkeit komplett aus oder sie hat nicht aufgenommen. Welpen hatte sie keine. Das war Chers Glück, sie konnte dank einiger Tierschützer die Vermehrerfarm verlassen.
Übernervös und völlig abgemagert kam sie im April 2008 über eine Kontaktperson zu einem Tierschutzverein, aus dem wir sie im Mai 2008 adoptiert haben.

Wir waren überglücklich, dass es geklappt hat und haben uns auf unsere neue Aufgabe gefreut.
Wir wollten sie ins normale Leben führen, ihr zeigen, wie schön es sein kann so ein Hundeleben.
Die körperliche Baustelle hat uns und Cher viel Kraft gekostet. Es war ja nicht so, wie ich dachte, denn schnell hat sich gezeigt, dass hier ein normales Aufpäppeln und viel Liebe und Ruhe nicht reichen. 16 Kilo hatte sie und man konnte jede Rippe und jeden Knochen sehen. Das Fell war dünn und struppig.
Sie hat gefressen, aber kaum an Gewicht zugelegt, die Verdauung war nicht in Ordnung, das „Output" oft zu dünn und übel riechend.

Angst vorm Menschen hatte sie nicht wirklich. Anfangs waren ihr Männer nicht geheuer, besonders wenn diese Mützen trugen, Bärte hatten oder aber nach Alkohol rochen.
Viel schlimmer waren Geräusche. Ein Rasensprenger z.B., der gegen die Hecke spritzte, hat sie in die Flucht geschlagen.
Ein Erlebnis war für uns ganz schlimm. In den ersten

Tagen, als sie bei uns war, hat mein Mann sich in Chers Gegenwart einen Gürtel in die Hose gezogen. Als Cher das sah, hat sie sich fluchtartig mit dem Gesicht zur Wand in die hinterste Ecke verkrochen. Es war klar, sie wurde früher misshandelt, mit einem Gürtel!

Ein gutes halbes Jahr hat es gedauert, bis wir den Darm „saniert" hatten.
Von da an ging es körperlich bergauf.
Sie hat zugenommen (26 Kilo wiegt sie nun), das Fell hat sich verändert, und aus dem hässlichen Entlein ist eine wunderhübsche Hündin geworden.

Die Seele allerdings trägt noch immer Narben, das wird sich wahrscheinlich auch nicht mehr ändern.
Cher ist sehr unsicher und nervös, wenn wir unter-

wegs sind. Ganz schlimm ist es da, wo sie noch nie war oder wo sie nicht oft hinkommt. Sie verhält sich, als wolle sie nur da weg, zieht dermaßen an der Leine, dass sie selbst mit Geschirr nach Luft röchelt und eine blaue Zunge bekommt. Sie reagiert kaum auf Ansprache und zeigt Stresssignale wie z.B. starkes Schütteln, Gähnen und Zittern.

Fahrende Autos, Hektik, Enge, Krach ... alles nichts für unsere Cher.

In gewohnter Umgebung jedoch hat sie es mittlerweile geschafft, ein normales und glückliches Hundeleben zu führen.

Viel haben wir probiert, um ihr alle Ängste zu nehmen, allerdings ist uns das bis heute nicht gelungen. Verschiedene homöopathische Mittel haben wir eingesetzt, aber nichts hat dauerhaft angeschlagen.

Wir haben uns dann irgendwann dazu entschlossen, uns und allem voran Cher nicht weiter unter Druck zu setzen. Wir leben mit den Macken und versuchen, es allen Beteiligten so angenehm wie möglich zu machen. Wir würden sie nie mehr wieder hergeben.

Bille, zu alt für den Markt...

Bille ist eine Golden Retriever-Hündin, ein „Billigwelpe", mit 4 Monaten zu alt für den Markt. Bille stammt aus einer holländischen Vermehrerzucht und wurde von beherzten Tierschützern entdeckt und befreit.

Leider bemerkten wir zu spät, dass dieser sogenannte Tierschutz nicht seriös ist, bzw. er arbeitet mit diesen Massenzüchtern zusammen. Daher auch „Augen auf beim Tierschutz"!

Sie wog mit 4 Monaten nur 3,7 kg – zum Vergleich: eine gesunde Hündin im Alter von 2 Monaten wiegt

6 - 7 kg. Ihr kleiner Körper war zerschunden, sehr dünnes bis kaum Fell, ihre Haut litt massiv unter dem Flohbefall / Flohbissen. Im Inneren ihres Körpers sah es auch schlecht aus: Giardien (agressiver Wurmbefall), der zu starken Durchfällen führte.

Vergleich: links Bille (Vermehrerwelpe), rechts Holly (VDH-Züchter). Beide Welpen im Alter von 4 Monaten

Bille war unsicher und ängstlich, ihr Wille, die Hölle lebend zu verlassen, war dennoch stark genug. Die ersten Wochen waren anstrengend, sowohl für uns Menschen wie auch für Bille. Sie kämpfte mit ihrem Körper und wir mit Antibiotika gegen Übergriffe in ihrem Körper. Noch heute leidet sie ab und zu (sicher öfters wie ein „normaler Hund") an Durchfall.

Im Alter von 8 Monaten wurde sie wieder auffällig, sie humpelte und hatte starke Schmerzen. Auf zum TA – mit der Weiterempfehlung zum Spezialisten. Der Befund war eindeutig, beidseitige ED mit starken Ablagerungen.
Wir ließen Bille sofort operieren, um einer Verschlechterung vorzubeugen.
Bille hat die OP gut überstanden, jedoch hat sie bis heute schon in diesem jungen Alter Arthrose-Schübe, insbesondere bei nass-kaltem Wetter, mit Schmerzen. Sie kann dann kaum aufstehen und wenn, dann unter starken Schmerzen.
Neben den körperlichen Beschwerden, mit denen wir

und unsere Bille leben können, hat sie auch nie das seelische Gleichgewicht gefunden.

Bille ist unsicher und sehr devot, und in vielen „Angstsituationen" bellt sie auffällig laut, auch wenn sie Menschen und Hunden begegnet. An Müllcontainern, wenn diese am Straßenrand stehen, oder Mopeds geht sie nicht ohne Bellen vorbei oder bleibt starr vor Angst stehen.

Sie ist zarter und kleiner geblieben, die schlechten Haltungsbedingungen in den ersten 4 Lebensmonaten und ihre Krankengeschichte nahmen ihrem Körper die Kraft.

Sie spielt kaum mit anderen Hunden, sondern zieht sich dann bellend zurück. Unser Rüde ist der einzige, mit dem sie ab und an mal im Garten tobt, bis sie dann Schmerzen bekommt und sich dann wieder ablegt.

Aber dennoch hat sie auch viel Freude am Leben, indem sie auch gerne apportiert, wenn es ihre Schmerzen zulassen, bzw., auch Wasser mag sie.

In diesem Zusammenhang will ich auch nicht die Mutter-Hündin von Bille vergessen, wer weiß, der wievielte Wurf es für sie war und wie es um ihre Kraft bestellt war.

Wie das Leben so spielt. Unsere Bille sollte mal wieder nicht verschont werden.

Bille hat Schmerzen. Bei Belastung, die bei jedem jungen gesunden Hund keine Belastung darstellt, verliert sie ihre Hinterläufe. Sie ist nicht in der Lage aufzustehen und zu laufen, die Hinterläufe bleiben einfach liegen.

Vor nicht allzu langer Zeit meinte unser TA, er kann so nichts erkennen und Bille läuft ja noch „rund". Er möchte noch eine gewisse Zeit abwarten und nicht vorschnell röntgen.

Wir warteten also, allerdings hatte wir schon ein wenig Angst um sie, was mag Bille nun schon wieder haben, und die Sorge, dass es vielleicht wieder eine nicht einfache Geschichte werden könnte.

Dann knickte sie nach mehreren Wochen wieder ein und wieder zum Tierarzt. Leider kam ein niederschmetternder Befund, der selbst unseren Tierarzt sehr schockte, da Bille erst 4 Jahre alt ist.

Der Befund „Spondylose" im fortgeschrittenen Stadium.

Spondylose:

Bei an Spondylose erkrankten Hunden bilden sich besonders vorne an den Wirbelkörpern knöcherne Zacken, die von oben und von unten über die Bandscheibe wachsen. Diese Zacken können so lang werden, dass sie zwei hintereinander liegende Wirbel über die Bandscheibe hinweg verbinden. Es kommt zur knöchernen Überbrückung der Wirbelzwischenräume (in denen die Bandscheiben liegen), was am Ende zur Versteifung einzelner Abschnitte der Wirbelsäule führt. Hauptsächlich betroffen sind dabei die Brust- und die Lendenwirbelsäule. Bei Bille ist die Lendenwirbelsäule betroffen, was ihr mächtig Schmerzen bereitet und sie nicht mehr in die Lage versetzt, aufzustehen.

Zwischenzeitlich für 1 Woche bekam sie Metacam-Saft, den wir aber nun langsam wieder absetzen, da es ihr wieder schon sehr gut geht. Metacam wird sie auch weiterhin nach Bedarf benötigen. Unterstützend bekommt sie Traumeel Vet und Zeel.

Wie es mit Bille weitergeht, wissen wir noch nicht. Es kommt immer wieder etwas dazu.

12/2011

Bille wurde mittlerweile einem Spezialisten vorge-
stellt und bekam eine Goldakupunktur. Zuerst zeigte
sich eine Besserung, nur leider verschlechterte sich
ihr Zustand wieder, so dass wir zu der Einsicht gekommen sind, dass es ihr nicht den erwünschten Erfolg brachte.
Sie hatte oft noch Schmerzen und kam hinten nicht
hoch, dass wir hin und wieder Medikamente einsetzen mussten. Aber nun seit 4 Monaten erkennen wir
Bille nicht wieder. Sie läuft rund und ist schon seit
längerem schmerzfrei. Sie genießt wieder ihr Leben
und spielt sogar wieder.

*links Bille,
rechts Holly,
beide 3 Jahre alt.
Holly aus einer
VDH-Zucht*

Bille ist für die Diagnose Spondylose einfach noch zu
jung. Billes Schicksal, ein Vermehrerwelpe zu sein,
holt sie und uns immer wieder aufs Neue ein.
Gemeinsam werden wir auch dies wieder stemmen
und ihr zur Seite stehen

KAPITEL 25

ILLEGALER WELPENHANDEL – EINE EUROPÄISCHE BETRACHTUNG

Durch meinen Kontakt zu Birgitt Thiesmann und unsere gemeinsamen Recherchen habe ich auch die Möglichkeit bekommen, einen Einblick in die sehr komplizierte europäische Tierschutzpolitik zu bekommen. In jedem Land gibt es eine andere Betrachtungsweise zu diesem Thema. Hat etwas in dem einen Mitgliedsstaat bereits seit Jahren Gültigkeit, so ist es in einem anderen Land kaum vorstellbar, dass es überhaupt jemals Gesetz wird.

Marlene Wartenberg, Leiterin des VIER PFOTEN Europabüros in Brüssel, hat für unser Buch nicht nur ein sehr prägnantes Vorwort geschrieben, sie hat sich dankenswerterweise auch die Mühe gemacht, einen umfangreichen Beitrag zum Thema Welpenhandel aus gesamteuropäischer Sichtweise zu verfassen:

Der EU-Rahmen zum Thema Heimtiere
von Marlene Wartenberg

Der tierschutzpolitische Rahmen der EU: Tiere sind fühlende Wesen.

Die ethische Grundlage europäischer Tierschutzpolitik basiert auf den sogenannten fünf Freiheiten:

Freiheit als,

- Freisein von Hunger und Durst,
- Freisein von Unbehagen,
- Freisein von Schmerz, Verletzungen und Krankheiten,
- Freisein zum Ausleben normaler Verhaltensweisen und
- Freisein von Angst und Leiden.

Rechtspolitisch findet dies Entsprechung im Vertrag von Lissabon/Vertrag über die Arbeitsweise der EU (AEUV), der (in Kraft seit Dezember 2009) gemäß Artikel 13 Tiere als „fühlende Wesen" im unmittelbaren Vertragstext der EU definiert. Dieser Artikel ist allerdings keine sogenannte Kompetenznorm, aufgrund derer ein Gesetz entsteht, sondern eine Auslegungsnorm, eine Art Staatsziel. Artikel 13 unterscheidet daher auch keine Tierarten, es betrifft die Beziehung der Menschen zu den Tieren als solches.

In den einzelgesetzlichen Bestimmungen der EU hingegen gelten Tiere immer noch als Sachen. Heimtiere, zu denen die Hunde zählen, sind nicht per se Regelungsgegenstand, es sei denn, die klassischen EU-Zuständigkeiten wie Handel und Gesundheit sind betroffen, nur dann können EU-Bestimmungen erlassen werden, die auch für Heimtiere gelten. Ergänzend zu den Gesetzen gibt es noch die bereits etwas ältere Konvention für Heimtiere des Europarates, diese ist kein Gesetz, sondern ein völkerrechtliches Abkommen, das heißt, dass sie vertraglich – und politisch – für diejenigen Mitglieder des Europarates verbindlich ist, die die Konvention unterzeichnet haben. In der Europäischen Union befindet sich ein EU-

Tierschutzrechtsrahmengesetz in Planung. Es soll bis zum Jahr 2014 verfasst werden, und, nach jahrelangem Einsatz von VIER PFOTEN in Brüssel sowie zahlreichen Tierschutzorganisationen in ganz Europa und dem Europaparlament, wird der Schutz der Heimtiere eingefügt, wobei der Umfang dessen noch zu definieren ist. Schließlich ist noch das CAROdog Projekt zu nennen, das VIER PFOTEN ins Leben gerufen hat, gemeinsam mit der EU Kommission, dem Istituto G. Caporale in Teramo und der Europäischen Tierärzteschaft (FVE). VIER PFOTEN hat als erste Tierschutzorganisation in Brüssel zu dieser Thematik nicht nur drei Fachkonferenzen (2008, 2010, 2011) durchgeführt, sondern ebenso eine Plattform geschaffen, die Dokumente, Fakten und Länderprofile rund um Hunde in der EU sammelt und zur Verfügung stellt (www.carodog-pfoten.eu).

Der illegale Welpenhandel

von Marlene Wartenberg

Zur besseren Verständlichkeit der nachfolgenden Ausführungen wird das Thema in die Tatbestände der Zucht, der Aufzucht, des Verkaufes, des Transports und des Marktes gegliedert.

1) Die Zucht

Hierzu gibt es keine rechtlichen Bestimmungen der EU, teilweise jedoch in den Mitgliedsstaaten. Ebenso wenig ist der Beruf eines Züchters definiert und geschützt. Register von Züchtern oder ein Lizenzsystem sind lediglich im privaten Rahmen zu finden, so etwa sind die meisten größeren Züchter den nationalen Gruppierungen des Internationalen Kynologenverbandes (FCI) angeschlossen.

Die meist erbärmlichsten Umstände der Unterbringung der Tiere ohne Tageslicht oder in engsten Käfigen oder Kartons in sogenannten Hundefarmen, mangelhafte Ernährung, die viel zu häufig und teilweise unter Anwendung von Gewalt stattfindenden Deckungen der Hündinnen sowie die Behandlung der Hunde insgesamt dürften in jedem einzelnen Mitgliedsland eine klare Rechtsverletzung darstellen. Eine europäische Bestimmung dazu gibt es allerdings nicht. Hier kann nur auf den generellen Grundsatz des Tierschutzes in Art. 13 AEUV verwiesen werden. Die Zucht steht ausschließlich in der Zuständigkeit der Mitgliedstaaten. Das bedeutet, hier hat der nationale Gesetzgeber zu handeln.

2) Die Aufzucht

Die Welpen werden meist zu früh vom Muttertier getrennt, da sich Welpen, je jünger sie sind, wegen des hohen Niedlichkeitsfaktors umso besser verkaufen lassen. Dies führt meist zu Fehlentwicklungen in der Sozialisierung, was sich für den Welpen in seinem weiteren Leben rächt. Zahlreiche Hunde, sofern sie überleben, werden dominant und unbequem, zeigen für den Menschen lästige Verhaltensweisen und landen bestenfalls im Tierheim. Diese Behandlung der Tiere in der Aufzucht und deren Sozialisierung ist daher nicht sachgemäß, stellt jedoch keine Rechtsverletzung nach europäischem Recht dar.

Die Tiere werden, um Kosten zu sparen, entweder nicht oder nicht ausreichend veterinärmedizinisch versorgt. Dies führt zum einen entweder zum frühen Tod der kranken Tiere oder zu erheblichen Gesundheitsrisiken für Mensch und Tier. Dies ist ein rechtlich relevanter Sachverhalt, der jedoch in den einzelnen Mitgliedstaaten unterschiedlich geregelt ist.

3) Der Verkauf

Rechtlich betrachtet ist ein Hund eine Kaufsache, das heißt, diese muss im Zustand der Übergabe frei von Mängeln sein. Ein bereits kranker Welpe, der verkauft wird, ist – juristisch formuliert – eine mangelhafte Kaufsache. Dies ist ein rechtlich relevanter Sachverhalt.

Doch beginnen wir beim Angebot: In zahlreichen Mitgliedsstaaten ist es verboten, lebende Tiere in Zoohandlungen und Baumärkten, beziehungsweise auf öffentlichen Plätzen zu verkaufen. Welpen aus zweifelhafter Zucht werden häufig auf Märkten oder Parkplätzen angeboten. Dies ist in erster Linie ein Verstoß gegen nationale Gesetze, mit der Folge, dass die Käufer, sofern sie die tatsächlichen Daten des Verkäufers kennen sollten, einen echten Rechtsanspruch gegen den Käufer haben, wenn der Welpe nicht geimpft wurde und bereits bei der Übergabe krank ist oder gar kurz nach Erwerb verendet.

Die beim Verkauf eines Welpen gegebenenfalls ausgehändigten Heimtierausweise sind in den meisten *Fällen gefälscht. Auch dies belegt den Mangel der Kaufsache Welpe. Der Käufer wird über eine wesentliche Eigenschaft, den Gesundheitszustand des Tieres, vorsätzlich getäuscht. Das erfüllt sogar einen Betrugstatbestand; Urkundenfälschung und weitere Vergehen können hinzutreten.*

Erfolgt der Verkauf über die nationalen Grenzen hinweg, so wird dies europarechtlich relevant.

In der Realität genieren sich die geschädigten Käufer eines solchen Welpen, machen daher ihre Ansprüche nicht geltend oder haben keine Daten des Verkäufers mehr. Hier wäre eine landesweite Opfer-Hotline hilfreich und eine konsequente Rechtsverfolgung.

4) Der Transport

In der EU unterscheidet man zwei Arten von Transport, die sogenannte private Verbringung und den gewerblichen Transport. Die private Verbringung schreibt den Heimtierausweis vor, sofern eine Grenze überschritten wird. Handelt es sich um einen gewerblichen Transport, gilt die EU Transportverordnung 1/2005 mit entsprechenden Transportstandards und Dokumentationspflichten. Darin sind auch die erforderlichen veterinärmedizinischen Vorsorgemaßnahmen festgehalten. Fehlen diese Dokumente und wird gegen die Bestimmungen der Verordnung verstoßen, ist der Transport illegal im Sinne des EU-Rechts. Doch das beste Gesetz ist kraftlos, wenn die Behörden es nicht auf Landesebene angemessen durchsetzen. Seit dem Schengen-Abkommen, womit die meisten Grenzen in Europa fielen, gibt es keine systematischen Kontrollen mehr, sondern nur noch Stichproben oder Zufallsfunde. Der Mangel an Kontrollen ist ein inakzeptabler Missstand, bei dem insbesondere die Mitgliedsstaaten gefordert sind, die ihre Kontrollbehörden, in der Regel diejenigen des Zolls und der Polizei, entsprechend personell auszustatten und zu schulen haben, um wesentlich mehr Stichproben durchführen zu können.

Die sogenannte Heimtierausweisverordnung 998/2003 für die private Verbringung wird zurzeit auf der EU Ebene novelliert. Ziel ist es, den illegalen Welpenhandel zu bekämpfen, indem alle Transporte, die mehr als fünf Hunde betreffen und bei denen ein Eigentümerwechsel geplant ist, als gewerbliche Transporte definiert werden. Das ist zwar einerseits richtig, trifft jedoch ebenso die Falschen – nämlich die seriösen Tierschutzorganisationen. In Deutschland im Besonderen besteht hier ein spezielles Problem für die Rettung von Hunden aus dem Ausland durch Tierschutzorganisationen – eine Tat, die letztlich niemand will, da auch unsere Tierheime überfüllt sind. Doch bis zur Eindämmung roher Brutalität in einigen Ländern sollte es zumindest vorübergehend eine Möglichkeit geben, solchen Tieren ein grausames Schicksal zu ersparen. Solche Tierschutzorganisationen stehen vor zwei Problemen: Zum einen, weil diese Organisationen nicht in das Abgrenzungsschema eines Transports, entweder rein privat oder kommerziell passen, zum zweiten, weil sie, wenn sie sich an die Vorschrift des gewerblichen Transportes halten, was an sich kein Problem ist, rechtlich als gewerbliche

Transporteure behandelt werden, womit sie wiederum gegen die ebenfalls einzuhaltenden rechtlichen Bestimmungen zur Anerkennung der Gemeinnützigkeit von Organisationen verstoßen. Hier wird noch intensiv im Rat der EU diskutiert. Kurzum, diese gesetzgeberische Maßnahme ist gut gemeint, was die Bekämpfung des illegalen Hundehandels betrifft, doch ohne eine Verstärkung der systematischen Kontrolle geht sie ins Leere, und es trifft gleichzeitig andere Zielgruppen negativ, die ein Tierschutzziel verfolgen.

5) Die Wettbewerbsverzerrung

Nicht unerwähnt bleiben soll die wirtschaftliche Dimension des Phänomens: Die meist nicht geimpften und zu früh von der Mutter getrennten Jungtiere bedeuten einen wesentlich geringeren finanziellen Aufwand für den Züchter, damit entsteht eine deutlich höhere Gewinnspanne zu Lasten der Tiere, was zu einer erheblichen Wettbewerbsverzerrung für den Markt der Rassehunde aus seriösen Züchtungen führt.

Lösungsansätze auf nationaler und europäischer Ebene
von Marlene Wartenberg

Die beste rechtliche Lösung wäre in jedem Fall neben dem allgemeinen Tierschutzgesetz in jedem Mitgliedsland ein Heimtiergesetz, das diverse europaweit harmonisierte Mindestbestimmungen enthält, die in dem noch zu verfassenden EU-

Tierschutzrechtsrahmengesetz vorgegeben wer-
den. Darin sollten Heimtiere in einer sogenannten
Positivliste definiert werden und Haltungs- und
Zuchtbedingungen für alle Arten von Heimtieren
festgelegt sein. Kennzeichnung und Registrierung
sollten auf nationaler Ebene verbindlich festge-
schrieben werden sowie die Registrierung (mit
einem nationalen Lizenzsystem). Dabei kann dies
auch insoweit erfolgen, dass mehrere bestehende
Datenbanken (öffentliche wie private) kompatib-
le Basisdaten enthalten, wie dies bereits bei dem
privaten Service Europetnet funktioniert.
Eignungstests für Heimtierhalter und Maßnahmen
gegen unkontrollierte Vermehrung auf ethisch
akzeptable Weise sollten ebenfalls enthalten sein
neben breit angesetzter Informationsarbeit der
Bevölkerung. Der Verkauf von Heimtieren sollte
durch seriöse Züchter erfolgen oder durch die Ab-
gabe von Tierheimen, und die Arten der als Heim-
tiere zugelassenen Tiere begrenzt und präzisiert
sein. Der Vollzug dieses Gesetzes sollte durch die
adäquate personelle und technische Ausstattung
der Vollzugsbehörden (z.B. Lesegeräte) gewähr-
leistet werden. Nicht zu vergessen liegt bei den
Regierungen der Mitgliedstaaten die Pflicht, ihre
Bürgerinnen und Bürger aufzuklären über die
Umstände eines Hundekaufes, sei es durch Bro-
schüren, in öffentlichen Fernsehprogrammen etc.
Tierschutzorganisationen sind hier engagierte
Partner, und die Tierärzteschaft als betroffener
Berufsstand hat hier ebenfalls eine entsprechende
Aufklärungspflicht gegenüber ihren Kunden.

Ein erster Ansatz zur europaweiten Kennzeich-
nung und Registrierung wurde im Zuge der Revi-

sion der sogenannten Heimtierausweis-Verordnung gerade erst versucht (siehe oben). Zwar steht zum ersten Mal in einem europäischen Dokument die europaweite Registrierung in den Erwägungsgründen des Berichts des Europäischen Parlaments als Notwendigkeit und Ziel, doch eine entsprechende gesetzliche Bestimmung kam nicht zustande. Eine nur schwer nachzuvollziehende Tatsache, da nachgewiesenermaßen die meisten der illegalen Welpen erkrankt sind, oder kurz nachdem sie gekauft wurden, krank werden oder verenden.

Ein neues Tiergesundheitsgesetz der EU wird die nächste gesetzgeberische Möglichkeit bieten, um die Rückverfolgbarkeit europaweit zu ermöglichen. In einem allerersten Vorentwurf sind bereits entsprechende Regelungen – allerdings ohne die wünschenswerte Verbindlichkeit – erkennbar. Im Rahmen dieses anstehenden Gesetzgebungsverfahrens wird noch intensiv im Interesse der Tiere und im Sinne der Beendigung des illegalen Welpenhandels auf der politischen Ebene Überzeugungsarbeit zu leisten sein.

Festzuhalten ist, dass man sich in der EU zumindest des Problems zunehmend bewusst ist und die ersten kleineren Fortschritte erkennbar sind.

In jedem Falle hat der Grundsatz der „Verantwortlichen Haltung" (Responsible Ownership) durch das neue Tierschutzrechtsrahmengesetz seinen Niederschlag zu finden, indem entsprechende Bestimmungen auch für Heimtiere einzuführen sind. Ein erster Entwurf der EU-Kommission hierzu wird Ende 2013/Anfang 2014 erwartet.

Zusammenfassung und Ausblick

von Marlene Wartenberg

Zusammenfassend ist festzuhalten, dass es erste Ansätze in der EU gibt, die Themen Hundefarmen und illegaler Welpenhandel unter dem Aspekt Handel und Gesundheit ernst zu nehmen, doch bis zu einer gesetzlichen Bestimmung werden noch einige Jahre vergehen, denn die Mühlen der europäischen Gesetzgebungsmaschinerie mahlen langsam. So bleibt erst mal die Notwendigkeit eines Aufrufes an die Regierungen der Mitgliedsstaaten, entsprechende Maßnahmen so rasch als möglich einzuführen. Entsprechende gesetzliche Haltungsstandards für Heimtiere sind zu schaffen und die Rückverfolgbarkeit der Tiere durch Kennzeichnung und Registrierung aller Heimtiere festzuschreiben. Ein Verbot des Anbietens von Tieren auf öffentlichen Plätzen ist ebenso notwendig wie die Lizenzierung und Registrierung seriöser Züchter sowie die bessere Ausstattung der Kontrollbehörden. Die allgemeine Öffentlichkeit schließlich ist mit breit angelegten Aufklärungskampagnen zu informieren. Für all dies gibt es bereits bewährte Beispiele, die auf der Webseite CAROdog zu finden sind.

All diese rechtlichen Betrachtungen können jedoch nicht über die erhebliche Bedeutung der Verbraucher, der Käufer, hinwegtäuschen. Der Kunde ist es, der den Markt, genauer, die Nachfrage schafft, und – an einer völlig falschen Stelle sparsam – möglichst billig einen Rassehund kaufen will. Nur ein Ende der Nachfrage kann den Markt austrocknen und das erhebliche Tierleid europaweit auch kurzfristig und wirksam beenden. Jeder Welpe, der auf einem solchen Markt oder Parkplatz oder aus dem Internet aus dubioser Quelle gekauft wird, ist ein leidendes Tier mehr auf der Straße oder im Heim, so dass sich dieses europaweite Problem der Überzahl an Hunden mit all den Tierschutz- und sonstigen Begleiterscheinungen immer wieder selbst vervielfältigt und einer systematischen Lösung und den Bemühungen der Bevölkerung und der Mitgliedsstaaten entzieht. Der Käufer hat auch hier die Macht und sollte davon Gebrauch machen, auch wenn das Mitleid angesprochen wird – ein Kauf eines solchen Welpen schürt den schwarzen Markt und schadet den Tieren.

Möge dieses Buch einen Beitrag leisten, mögliche Interessenten zu motivieren, zunächst in ein Tierheim zu gehen oder einen seriösen Züchter aufzusuchen, bei dem er sich von der Haltung der Tiere, ihrem gesundheitlichen und psychischen Zustand und von der Professionalität des Züchters persönlich überzeugen kann. Auch bei ungewöhnlich preisgünstigen Angeboten von Rassehunden im Internet ist Vorsicht geboten.

Das Brüsseler Team des Europabüros von VIER PFOTEN wird jedenfalls mit seinen Kolleginnen und Kollegen der internationalen VIER PFOTEN Kampagne an diesem Thema weiterhin intensiv arbeiten.

KAPITEL 26

VORBILDLICHE ZUCHTBETRIEBE IN DEUTSCHLAND

Eine Irish-Setter-Züchterin:

www.setter-charmedbanditofjag.de

Stellvertretend für all die verantwortungsvollen Hob-byzüchterInnen, die es sich zur Lebensaufgabe gemacht haben, wesensstarke, kopfklare und herrlich verspielte, gesunde Hunde zu züchten, möchte ich drei deutsche Züchterinnen vor den Vorhang bitten.
In der Nähe von Günzburg treffe ich als erste die Züchterin **Frau Gabriele Jahn-Aigner** mit ihrer „Charmanten Irish-Setter-Bande".

Was sind das für wunderschöne Hunde! Was sind das für freundliche Hunde! Sofort hatte ich vor meinem geistigen Auge das Bild jener armen Kreaturen, die ich gemeinsam mit Birgitt Thiesmann in Polen gesehen hatte.

„80% meiner Zeit widme ich meinen Hunden", *begann Frau Jahn-Aigner mit ihren Schilderun-* *gen, „denn Hundezucht kann man nicht nebenbei* *betreiben, da Tiere keine Gegenstände sind, die* *man zeitweilig irgendwo abstellen kann.*

Eine vernünftige Hundezucht ist sehr umfang- *reich, und sie setzt nicht nur ein großes Maß an* *Wissen über die Anatomie sowie die Physiologie* *eines Hundes voraus. In erster Linie sollten die* *Liebe und die Verantwortung für das Tier Vor-* *aussetzung sein.*

Da heute über 90% der Hunde in Familien leben, *werden unsere Welpen in der Familie geboren* *und wachsen dort auch auf. Sie haben aber auch* *Kontakt mit den anderen Hunden, die in unserer* *Familie leben, das ist sehr wichtig für die Soziali-* *sierung der Welpen.* *Sie sollten auf keinen Fall in Zwingern getrennt* *von der Mutter und dem Rest des Rudels gehal-* *ten werden. Für mich kommt nur die Hausauf-* *zucht in Frage. Sie nimmt zwar sehr viel Zeit in* *Anspruch, da die Welpen ja immer zugegen sind* *und man kann nicht einfach die Türe hinter sich* *zu machen, aber sie macht aus dem Welpen eben* *einen wunderbaren Familienhund.*

Die Welpen lernen vom ersten Tag an die Geräu-

sche im Haus kennen, sie lernen die Hausregeln und den Umgang mit Menschen und dem eigenen Rudel. Mir ist es wichtig, dass ein Welpe aus meiner Zucht und die neuen Besitzer keine Schwierigkeiten mit der Eingewöhnung des kleinen Hundes in ihr neues Zuhause haben.

Als Züchterin sehe ich mich auch verpflichtet, die lebenslange Verantwortung für meine Welpen zu übernehmen. Wir, die Züchter, sind es, die das Züchten planen und wir sind dann auch für die Folgen verantwortlich.
Das bedeutet für mich, dass ich den neuen Hundebesitzern mit Rat und Tat zur Seite stehe. Das beinhaltet Erziehungs- und Ernährungsfragen, Fragen zur Gesundheit und Gesunderhaltung des Tieres, und natürlich beinhaltet dies auch eine lebenslange Zurücknahme eines Hundes aus meiner Zucht.

Beim Kauf eines Welpen sollte man darauf achten, dass der Züchter auf frühzeitigen Kontakt mit dem Hundekäufer wert legt und dem Kaufinteressenten bei all seinen Fragen Rede und Antwort steht.

Wichtig für eine lückenlose Aufklärung ist, dass alle Aussagen und Papiere über die Elterntiere vollständig belegbar sind, und vor allem, dass man den ganzen Wurf jederzeit – am besten ab der 4. Lebenswoche – mit der Mutterhündin besichtigen kann.

- Wo werden die Welpen gehalten, wo leben eventuell noch andere Hunde des Züchters.

- In welchem Zustand befinden sich die Welpen und auch die erwachsenen Tiere.

- Welche Beziehung haben die Hunde zum Züchter und wie geht der Züchter mit seinen Tieren um.

Ruhig auch mal zu einem Besichtigungstermin früher kommen. Ein ehrlicher Züchter hat nichts zu verstecken und wird die Käufer trotzdem herzlich willkommen heißen.

Jeden neuen Besitzer meiner Irish-Setterhunde sehe ich mindestens zweimal. Einmal beim ersten Besuch, dem Aussuchen, und dann bei der Abholung. Aber mit vielen Hundebesitzern hat sich bis heute, auch Jahre nach dem Kauf, ein reger Austausch über das Wohlbefinden und die Weiterentwicklung ihres aus meiner Zucht stammenden Lieblings erhalten. Davon zeugen auch die vielen Fotos, die ich auf meiner Homepage von

den Besitzern geschickt bekommen habe.
Man investiert als Käufer mit dem Kauf eines Welpen nicht nur Geld, sondern doch ein vieles mehr an Emotionen. Wie viel Freude und Glück kann doch ein gesunder Welpe in eine Familie bringen.

Und im Umkehrschluss:
Wie viel Unglück und Leid kann da über Familien kommen, die gedankenlos, weil sie was sparen wollen, oder aus Mitleid einen Welpen aus schlechter Haltung und Aufzucht übernehmen. Sie fördern damit die skrupellosen Machenschaften von Hundevermehrern".

© Gabriele Jahn-Aigner aus Neuburg an der Kammel

Eine Golden Retriever-Züchterin:
www.lavenders-generation.de

Als nächstes sprach ich mit **Frau Margit Urbanski** aus der Nähe von Nürnberg und sie erklärte mir geduldig ihre Philosophie, welche die Basis für ihre seit dem Jahre 1998 bestehende Golden Retriever Zucht bildet:

„Ich bin seit 1998 Züchterin im Deutschen Retriever Club e.V. (DRC), der dem Verband für das Deutsche Hundewesen (VDH) und dem Deutschen Jagdgebrauchshundeverband (JGHV) angeschlossen ist.
Im Juni 1998 wurde mein Zuchtname „Lavenders Generation" bei der FCI eingetragen.
Der DRC hat strenge Regularien für die Zucht von Hunden festgelegt. Alle Zuchthunde müssen auf Hüftgelenksdysplasie (HD) und Ellenbogen-

dysplasie (ED), sowie erblich bedingte Augen-
krankheiten untersucht sein. Ebenso müssen die
Hunde ihr retrievertypisches Wesen bei einem
Wesenstest, sowie ihr rassetypisches Aussehen
im Rahmen einer Formwertbeurteilung unter Be-
weis stellen.

Neben der Gesundheit und Wesensfestigkeit be-
sticht der typische Golden, der mir am Herzen
liegt, durch seine schöne harmonische äußere
Form, ist sanft und freundlich im Ausdruck, ist
lebhaft und kraftvoll.

Auch die retrievertypischen Eigenschaften, zu
denen gehören neben dem Beute-, Spür- und Stö-
bertrieb des Retrievers seine Verträglichkeit mit
Artgenossen, seine Unerschrockenheit und Härte,
seine Arbeitsfreude und Intelligenz sowie seine
Führigkeit und sein hoher Menschenbezug.

All diese Eigenschaften machen aus dem Golden
Retriever einen idealen Familienhund.

Mein Ziel ist es, diese typische Erscheinung und
die typischen Eigenschaften in meine Zucht ein-
zubringen, und die optimalen gesundheitlichen
Voraussetzungen zu schaffen.

Bei der Auswahl eines geeigneten Deckrüden für
meine Zuchthündin gehe ich mit größtmöglicher
Sorgfalt vor.

Bislang führte der weiteste Weg sogar bis nach
Schottland.

Der Kernsatz:
Die Zucht macht den Welpen,
die Aufzucht den Hund

Die Aufzucht meiner Golden Retriever:

Für die Aufzucht eines Wurfes investiere ich viel Zeit. Unsere Welpen werden im Wohnbereich, in der Wurfkiste geboren, und über den gesamten Zeitraum der Aufzucht eng in das Familienleben eingebunden. Auf diese Weise lernen die Welpen alle Umweltreize des Alltags kennen. Darüber hinaus biete ich den Welpen einen Innenauslauf und einen sicher eingegrenzten Garten.
Ab der 4. Lebenswoche werden sie auf das Leben draußen vorbereitet, dazu gehört, dass sie an viele verschiedene Reize herangeführt werden. Sie haben viel Kontakt zu erwachsenen Personen und Kindern jeden Alters und mit unseren erwachsenen Hunden. Wir unternehmen auch Autofahrten und kleine Landausflüge in dieser Zeit.

Es ist mir sehr wichtig, für meine Welpen die optimalen Voraussetzungen für den Start ins Leben, und vor allem, das Vertrauen zum Menschen zu schaffen, damit aus dem Welpen ein freundlicher, selbstbewusster und kontaktfreudiger Hund werden kann.
Bei Abgabe sind alle Welpen tierärztlich untersucht, haben eine Impfung mit EU-Impfausweis, einen Chip und sind mehrfach entwurmt. Zusätzlich wird jeder Wurf von einem Wurfabnahmeberechtigten des DRC angeschaut, hierüber wird ein Protokoll erstellt. Die Familien haben für den Start zu Hause ein von mir empfohlenes Buch gelesen, und bekommen eine Mappe mit vielen Tipps und Informationen wie Futterplan, Impfplan u.v.m. mit auf den Weg.

Familienleben

Golden Retriever werden hauptsächlich als Familienhunde und beste Freunde, seltener als Jagdhunde gehalten. Intelligenz und Lernfreudigkeit machen den Golden Retriever zum leicht erziehbaren Hund, auch für „Hunde-Anfänger" bestens geeignet. Das Apportieren liegt ihnen im Blut, so können Retriever mit dem Dummy ihrer artgemäßen Bestimmung entsprechend optimal beschäftigt werden. Auch die jagdliche Ausbildung, die Suche im Wald oder Gelände sowie Beute- und Geschicklichkeitsspiele werden meist mit Begeisterung angenommen.

Meine Hunde begleiten mich auch regelmäßig auf Nationale und Internationale Ausstellungen im In- und Ausland und konnten bislang viele Erfolge, Schönheitstitel und Multi-Championtitel erreichen.
Auch Arbeitsprüfungen, wie Begleithundeprüfung, Rettungshundeprüfung (Fläche Rotes Kreuz), Dummy A, Workingtests und sogar die jagdliche Ausbildung bis hin zur Bringleistungsprüfung konnte ich mit meinen Hunden mit Erfolg abschließen.

Für meine Welpen wünsche ich mir, dass sie voll in die Familie integriert werden, und als zusätzlicher Freund, Spielgefährte, treuer Begleiter und Kamerad für Kinder ein schönes Leben finden.

Von meinen Welpenkäufern erwarte ich, dass sie die Hunde artgerecht auslasten und rassetypisch beschäftigen. Daher ist eine solide Grundausbil-

dung unbedingt erforderlich.

Nur bei einem gut erzogenen Hund stellt sich ein wahres Hundehalterglück ein!

Die Hunde aus meiner Zucht leben zum großen Teil als Familienhunde, aber auch dummybegeisterte Hundeführer, sowie auch ausstellungsbegeisterte Hundeführer sind unter meinen Welpenkäufern. Einige meiner Hunde haben sogar einen Job als Rettungshund.

Nach Abgabe der Welpen biete ich – nach Absprache – jedem Käufer kostenlose Starthilfe und Trainingseinheiten an. Auch die Körperpflege und das Trimmen für die Ausstellungen zeige ich den Käufern gerne.

Ich halte auch weit nach dem Kauf den Kontakt zu den Besitzern und gebe gerne Hilfestellung und Tipps in allen Bereichen."

Ich habe die nachfolgenden Zuchtdokumente des letzten Golden Retriever Wurfes einsehen können und es ist völlig klar, wieso alle Welpen aus dieser hervorragend geführten Zucht von Frau Urbanski bei der Benotung ein großes A = sehr gut bekommen haben.

So müssen Dokumente aussehen!

Deutscher Retriever Club e.V.

Wurfabnahmebericht / Antrag auf Ahnentafeln

Zwingername: *Lavender's Generation*

Züchter/in: *Margit Urbanski*   Tel: 09194-796627

Anschrift: *Neuteich 21 91362 Pretzfeld*

Zwingernummer: *8200*   Rasse: *Golden Retriever*   Wurfbuchstabe: "J"

Deckdatum: *26/27.02.11*   Wurfdatum: *1.5.2011*   Tragzeit: *63*

Name des Deckrüden: *Abunare Tancredo*   ZB-Nr: *DK 13327/2008*

Name der Hündin: *Golden Daydreams Have Favorito Lavender*   ZB-Nr: *DRC-G 09*

Das ist der *2.* Wurf der Hündin	Chipnummer/Tätonummer der Hündin entspricht der Angabe im Ahnentafel: ja ☒ nein ☐
Anzahl anwesende Hunde: *12* (alle Zuchttiere, Junghunde und Welpen, die für mehr als 1 Tag im Haushalt leben) Davon eigene Hunde: *6* (außer Welpen)	Der Hundebestand entspricht den Platzverhältnissen und der zeitlichen Verfügbarkeit des Züchters: ja ☒ nein ☐

tierärztliche Hilfe: ja ☐ nein ☒ falls ja, welche:

Kaiserschnitt: ja ☐ nein ☒

Welpen	Geworfen insgesamt: Rüden: *4*	Hündinnen: *3*	verbleiben: Rüden: *4*	Hündinnen: *2*
	Davon Totgeburten: Rüden: *0*	Hündinnen: *0*	Todesursache:	
	Später gestorben: Rüden: *0*	Hündinnen: *1*	Todesursache:	

Art der Welpenfütterung: *Welpenmilch, Welpenfutter (Gran) Flesu mit Gemüseflocken, Quark+Mais, Bierge flocken, Würgflein, Reis, Quark, Yogurt, Haltenkase, Obst*

Nach Angabe des Züchters entwurmt	am *19.5. 19.* Tag	mit	*Milbemax*
	am *30.5. 30.* Tag	mit	*Panacur*
	am *15.6. 45.* Tag	mit	*Milbemax*
	am *17.Juni* Tag	mit	*Stuhlprobe Negativ*

Geimpft gegen: S / H / L / P/ Zwingerhusten (nicht zutreffendes bitte streichen)   am: *21.6.2011*   Impfpässe der Welpen lagen vor: ja ☒ nein ☐

Bericht über die Zuchtstättenbesichtigung lag vor: ja ☒ nein ☐   Zwingerbuch lag vor: ja ☒ nein ☐

Wurfabnahme wurde vorgenommen von: *Ine Ruß*

Wurfabnahme wurde vorgenommen am: *22.6.2011 / 53.* Tag   Welpenpreis *1.100,-*

Die Haltung aller in der Zuchtstätte gehaltenen Hunde sowie die Aufzucht der Welpen entspricht mindestens den bei der Zwingererstbesichtigung vereinbarten Bedingungen: ja ☒ nein ☐   Besteht Leihvertrag: ja ☐ nein ☒

Seite 1/3

Seite 2/3 zum Wurfabnahmebericht bei _Ueint Urbaunki_ .... (Name des Züchters)   Wurfbuchstabe: _I_

Welpentabelle

Zueeder's Lurabia.

ZB-NR.	R/H	Wurfgewicht	7-Wochen-Gewicht	Hoden	Augen	Gebiss	Farbe	Name
29726	R	540	7520	+/+	o.B	i.O		Judianoka · Dakota
29727	R	500	7000	+/+	o.B	i.O		Jye Kentucky
29728	R	470	7210	+/+	o.B	i.O		Jowa Benchoue
29729	R	460	6450	+/+	o.B	i.O		Jdaho Oota Dabua
29730	H	470	6580		o.B	i.O		Jlinois Chitare
29731	H	520	6110		o.B	i.O		Judiana Rabud

Mögliche zuchtausschließende Fehler (wie z. B. Entropium, Ektropium, Knickru...

Bemerkungen zu ZB-Nr. ....

Beurteilungen: A = einwandfr...
Gesundheits- und Pflegezusta...
  Mutterhündin
  Welpen
  Verhalten der Welpen: zutra...

Bemerkungen (Mutterhündin/Welpen/A...

Pflege-uuud Eiula...
gute Felbeudege...
Eie Lewdutuu

Seite 3/3 zum Wurfabnahmebericht bei _Ueint Urbaunki_ .... (Name des Züchters)   Wurfbuchstabe: _I_

Beurteilungen: A = einwandfrei, B = gut, C = genügend, D = mangelhaft

	A	B	C	D
Innenauslauf:				
Größe	☒	☐	☐	☐
Isolierung (gegen Kälte, Wärme, Zugluft, Feuchtigkeit)	☒	☐	☐	☐
Welpenlager	☒	☐	☐	☐
Liegeplatz und Fluchtmöglichkeit für die Hündin	☒	☐	☐	☐
Tageslicht	☒	☐	☐	☐
Heizbarkeit und Art der Heizquelle	☒	☐	☐	☐
Zugang zur Unterkunft; Anschluss an Züchterfamilie	☒	☐	☐	☐
Beschäftigungsmöglichkeiten für die Welpen (Spielplatz, Spielzeug)	☒	☐	☐	☐
Bemerkungen zum Innenauslauf				
Außenauslauf:				
Größe	☒	☐	☐	☐
Bodenbeschaffenheit (Gras, Kies, Platten, Sand, Mischformen)	☒	☐	☐	☐
Umzäunung (stabil, verletzungs- und ausbruchsicher)	☒	☐	☐	☐
Schattenplatz (Teil des Auslaufs)	☒	☐	☐	☐
Sonnenplatz (Teil des Auslaufs)	☒	☐	☐	☐
Liegeplatz (überdacht, wind- und feuchtigkeitsgeschützt)	☒	☐	☐	☐
Zugang zum Auslauf und Sichtverbindung	☒	☐	☐	☐
Beschäftigungsmöglichkeiten für die Welpen (Spielplatz, Spielzeug)	☒	☐	☐	☐
Aufenthalt im Außenauslauf: regelmäßig / gelegentlich / selten / nie (nicht zutreffendes bitte streichen)				
Bemerkungen zum Auslauf				
Sauberkeit:				
Unterkunft	☒	☐	☐	☐
Auslauf	☒	☐	☐	☐
Futtergeschirre	☒	☐	☐	☐
Trinkgefäße und Wasser	☒	☐	☐	☐
Bemerkungen zur Sauberkeit				
Allgemeiner Eindruck von Zuchtstätte und Welpenaufzucht:	☒	☐	☐	☐

Beanstandungen (zu behebende Mängel): /

Frist zur Behebung der Mängel: /

Brehfeld 22.06.2011
Ort und Datum der Wurfabnahme

U. Urbaunki
Unterschrift Züchterin

Rip
Unterschrift WA-Berechtigter

Unterschrift WA-Anwärter

Seite 3/3

Eine Havaneser-Züchterin:
Frau Silvia Böller aus dem Sauerland

www.havaneser-sauerland.de

Der Fall, der mich mit dem Thema Hundemafia in Berührung brachte, war der eines kleinen Havanesers. Da lag es doch nahe, dass ich im Sauerland eine der besten Havaneser-Züchterinnen zu ihren Hunden und zu ihrer Philosophie befragte.

Frau Silvia Böller erklärte mir vorerst mal alles, was es über die kleinen Hunde zu wissen lohnt:

„Der Havaneser gehört, wie auch der Malteser, der Bologneser, der Bichon frisé, das Löwchen und der Coton de Tuléar zur Rassegruppe der Bichons.

Er ist wohl eine der seltensten Zwerg-Hunderassen überhaupt. Man vermutet, dass der Malteser als Vorfahre des Havanesers mit den spanischen Eroberern in die Karibik kam und sich dort, hauptsächlich auf Kuba, als eigene Rasse entwickelte.

Die ersten Havaneser hießen noch „Havanna-Silky Dog" (Havanna Seidenhündchen) nach Kubas Hauptstadt. Lange Zeit waren sie beliebte Kleinhunde und wurden speziell von den Damen der hohen Gesellschaft gehalten. Sie erfreuten sich vom 17. bis in das 19. Jahrhundert hinein auch in Europa größter Popularität.

Wie viele andere Hunderassen auch geriet der Havaneser nach und nach in Vergessenheit. Von einigen beherzten Exil-Kubanern, die während der Kennedy Ära nach Amerika flüchteten, und ihre Hunde mitnehmen konnten, wurde diese Rasse gerettet.

Der Havaneser ist außergewöhnlich intelligent und

durch seine stets wache Neugierde sehr leicht zu erziehen. Obwohl ein Zwerghund, ist er vom Charakter und seiner Konstitution her für jede spielerische Kampftat zu haben. Havaneser wurden in früheren Zeiten in sehr vielen Wanderbühnen und auch im Zirkus angetroffen. Dieses „Schauspieler-Gebaren" hat er wohl immer noch im Blut!

Was die Wenigsten wissen: Havaneser sind ausgezeichnete Hütehunde. Auf den kubanischen Kleinbauernhöfen wurden sie oft für solche Tätigkeiten eingesetzt. Von der Familienkuh bis hin zum Geflügel – alles wurde vom kleinen Havaneser gewissenhaft zusammengehalten.

Jeder Besucher wird gebührend angemeldet, ohne dass der Havaneser in hysterisches Dauerkläffen verfällt. Bei Gefahr sind sie beherzt, mutig, ja sogar kühn.

Der Havaneser ist sehr auf „seine" Familie bezogen und wirklich glücklich, wenn er auch als vollwertiges Familienmitglied aufgenommen wird. Mit seinem offenen Wesen und seinem unwiderstehlichen Charme gewinnt er im Nu jedes Herz und wird sehr bald der Mittelpunkt jeder Familie. Selbst Liebhaber größerer Hunderassen verfallen dem natürlichen Charme des kleinen Havanesers.

Havaneser sind sehr aufgeweckt, liebevoll und fröhlich. Ihre spielerische, kameradschaftliche und drollige Art macht sie zum absoluten Liebling aller größeren Kinder. Er tobt mit Kindern um die Wette und möchte unentwegt mit ihnen spielen.

Der Havaneser passt sich im Verhalten und im Bewegungsbedürfnis seinem Menschen an. Er kann sich auf besondere Weise still zurückziehen, und auf der anderen Seite tobt er gern, ist sportlich

und begeistert bei Spaziergängen und Wande-
rungen dabei.

Manche Züchter beschreiben den Charakter des
Havanesers ganz kurz: „Der Havaneser ist der
Hund mit dem Herz aus Gold!"

Verwendung: Der Havaneser ist ein fröhlicher, aufgeschlossener und freundlicher Familien- und Begleithund. Er ist sehr gelehrig und hat deshalb keine Probleme, eine Begleithundeprüfung zu bestehen. Aber nicht nur das. Er ist sogar ein Ass auf dem Agility-Parcour.
Für wanderlustige Menschen ist der Havaneser ein treuer Begleiter, der ausgedehnte Spaziergänge liebt.

Bei uns wird jeder Havaneser-Welpe gechippt, geimpft und mehrfach entwurmt, bevor er zu seinem neuen Besitzer kommt.

Ich weiß gar nicht, was sich manche Menschen unter Hundezucht vorstellen, aber bei vielen Menschen habe ich das Gefühl, dass sie glauben, das wäre ein Klacks. Dann bekommt man Emails, in denen man beschimpft wird, wie man denn so viel Geld für einen Welpen nehmen könnte. Und außerdem bräuchten sie auch keine Ahnentafel, sie wollten ja nicht züchten, sie suchten lediglich einen Hund zum „Liebhaben". Da weiß man wirklich nicht mehr, was man dazu sagen soll. Die Tierheime sind voll mit Hunden zum Liebhaben, dann muss man dort nachfragen. Auf meiner Website kann man doch wohl erkennen, dass ich keine „Billighunde" züchte.
Hunde züchten ist ein sehr verantwortungsvoller und auch ein sehr anstrengender Job – wenn man nach allen notwendigen Regeln eines Verbandes züchtet. Man muss immer zur Stelle sein, das ist nicht mal eben so nebenbei zu erledigen. Und noch ein ganz wichtiger Hinweis: Ein Hund aus meiner Zucht kostet 1200 Euro – und keinen Cent weniger".

KAPITEL 27

Gedanken vor dem Kauf
eines Hundes

- Habe ich überhaupt ausreichend Zeit für meinen Hund?

- Bin ich willens und in der Lage, mich in den nächsten 10-15 Jahren ausreichend um meinen Hund zu kümmern?

- Habe ich jemanden, der im Notfall auf meinen Hund aufpassen kann?

- Darf ich in meiner Wohnung/in meinem gemieteten Haus überhaupt Hunde halten?

- Hat ein Familienmitglied eine Allergie gegen Tierhaare?

- Bin ich willens und beruflich in der Lage, meinen Tagesablauf auch auf meinen Hund abzustimmen?

- Bin ich bereit, zukünftige Urlaube hundegerecht zu gestalten?

- Kann ich meinen Hund nicht mitnehmen, dann muss ich mir klar darüber sein, dass ich eine geeignete Tierpension finden muss, in der sich mein Hund während meiner Abwesenheit wohl fühlt.

- Bin ich willens und kann ich es mir leisten, meinen Hund – wenn er über 8 kg wiegt – auch im Flugzeug in meinen Urlaubsort transportieren zu lassen?

- Kann ich für die nächsten 10-15 Jahre die laufenden Kosten tragen?

- Sind alle Familienmitglieder mit der Anschaffung eines Hundes einverstanden?

- Welche Tiere eignen sich für Kinder und ab welchem Alter?

- Ist genug Platz für die Unterbringung vorhanden, die Mensch und Tier gerecht wird?

- Wie hoch ist der tägliche Zeitaufwand für die Versorgung des Tiers?

- Ich muss mir im Klaren sein, dass gerade in der ersten Zeit nach der Anschaffung eines Hundes viele Kosten auf mich zukommen – wie Versicherung, Hundesteuer, Impfungen, Erstausstattung, Hundegitter für das Auto, etc.

- Passen die rassetypischen Eigenschaften des Hundes in mein Leben?

Wer sich ein Tier anschafft, übernimmt eine große Verantwortung, der er auch über die gesamte Lebensdauer des Tieres gerecht werden muss.

KAPITEL 28

Briefe von Betroffenen

Nach der Berichterstattung auf RTL erreichten den Sender und meine Kanzlei viele Briefe, in denen Menschen ihre schlimmen Erfahrungen mit Welpenhändlern schilderten. Es zeigte sich dabei immer wieder, dass Unwissenheit, Geiz und Mitleid, aber auch falsche Scham nach dem Kauf eines solchen Welpen die Hauptursachen sind, dass diese furchtbaren Missstände einfach nicht auszurotten sind. Solange Menschen nach billigen Hunden verlangen, wird das Leid dieser Tiere kein Ende haben.

Familie M. aus D. schreibt:

Wir haben vor zwei Jahren eine Anzeige für einen Malteserwelpen im Internet gefunden und sind nach dem Telefonat gleich mit unseren Kindern hingefahren, um uns den Hund anzusehen. Er war ganz unsicher auf den Beinen, zitterte und wollte gar nicht richtig laufen. Auch sonst sah er sehr schlecht aus. Wir haben ihn dann gekauft, weil wir Mitleid hatten mit dem Kleinen und ihn nicht da lassen wollten.

Am nächsten Tag hat sich dann beim Tierarzt herausgestellt, dass der Welpe Kokzidien hat und in einem ganz schlechten Zustand war. Die Sache hat uns bis jetzt an die 500 Euro gekostet, aber wenigstens hat unsere kleine Jodie überlebt.

Familie Sch. aus D. schreibt:

Als unser alter Hund eingeschläfert werden musste, haben wir uns schon nach wenigen Wochen entschlossen, einen neuen Hund zu nehmen. Ein Bekannter machte uns auf eine Annonce im Internet aufmerksam, bei der man ganz bei uns in der Nähe Welpen kaufen konnte. Wir wollten aber keinen teuren Hund vom Züchter mit Stammbaum. Unser Welpe sollte einfach nur gesund sein, aber natürlich auch entwurmt, geimpft und gechippt. Das stand aber alles so in der Anzeige, und wir sind hingefahren.
Der Händler erzählte uns dann, dass er ganz eng mit dem Tierschutz zusammenarbeite und der Welpe aus schlechter Haltung gerettet worden sei. Der Kleine sei krank und voller Ungeziefer gewesen, aber jetzt sei alles wieder in Ordnung. Wir haben uns gefreut, denn wir taten doch dem Hund etwas Gutes, und zahlten die „Schutzgebühr". Ach, so, geimpft wäre er noch nicht, meinte der Händler, aber das sei doch kein Problem, er sei

halt noch zu jung. Heute wissen wir, dass es falsch war, aber unwissend, wie wir da noch waren, nahmen wir ihn einfach mit und wollten das Impfen dann selber beim Tierarzt machen lassen. Der Händler ließ uns den Welpen dann noch etwas billiger und meinte, darauf hin, dass wir vorsichtshalber noch eine Wurmkur bei dem Hund machen sollten. Eigentlich hätten da bei uns schon Bedenken kommen müssen, aber wenn man da so ein hilfloses Wesen auf dem Arm hat, dann kommt der Beschützerinstinkt durch.

Zwei Tage lang hatten wir einen ganz munteren Welpen, obwohl er von Anfang an Durchfall hatte. Aber das schoben wir auf die neue Umgebung und das neue Futter. Wir machten auch die Wurmkur. Nach drei Tagen fuhren wir zum Tierarzt zum Impfen, aber der wollte die Impfung noch nicht machen, weil der Kleine nicht gesund war. Der Zustand verschlimmerte sich von Tag zu Tag: er konnte sich zum Schluss kaum noch auf den Beinen halten, hatte schlimmen Durchfall und erbrach sich andauernd. Wieder beim Tierarzt, musste der Kleine dort bleiben. Nach fünf Tagen ging es ihm so schlecht, dass nichts anderes übrig blieb, als ihn einzuschläfern. Wir haben immer gedacht, dass es solche Verbrecher nur im Ausland gibt.

Amelie G. aus K.

Ich wollte mir einen kleinen Hund anschaffen und fand auch im Internet ganz bei mir in der Nähe eine Stelle, wo man Havaneser kaufen konnte. Als ich die Handynummer anrief, sagte mir die Frau, sie habe gerade keine Havaneser, ob es auch ein Pekinese sein könnte. Ich fragte nach der Adresse, aber die Frau meinte, sie müsste sich mit mir woanders treffen, weil ihr Mann das nicht wolle mit den Hunden und ihre Kunden immer anschreie.

Wir haben uns dann auf einem Parkplatz getroffen, die Frau hat mir den Welpen gezeigt und wollte 400 Euro von mir haben, die ich ihr auch gab. Die Papiere hatte sie nicht dabei, aber sie schrieb sich meine Adresse auf und wollte mir die Papiere in den nächsten Tagen zusenden. Ich habe ihr das alles geglaubt und war glücklich über den kleinen Welpen, der sich ganz fest in meinen Arm gekuschelt hatte.

Am nächsten Morgen lag mein kleiner Alf, so hatte ich ihn getauft, ganz apathisch in seinem Korb und ich bin sofort mit ihm zum Tierarzt gefahren. Der stellte Parvovirose fest und eröffnete mir, dass man dem Kleinen nicht mehr helfen könne. Er musste ihn einschläfern.

Die Papiere habe ich natürlich nie bekommen und unter der Handynummer war niemand mehr erreichbar.

Gustav W. aus F.

Wir hatten viele Jahre lang einen Schäferhund und als der starb, wollten meine Frau und ich uns einen kleineren
Hund anschaffen, weil wir beide nicht
mehr ganz jung sind. Wir haben es nicht
weit bis zur polnischen Grenze und so
sind wir am Wochenende darauf hinüber
gefahren und haben uns dort auf einem
der Märkte nach Welpen umgeschaut.
Ganz schnell fanden wir eine Frau, die
in einem Pappkarton mehrere kleine Welpen hatte, Weimaraner, wie sie sagte.
„Gut Zucht für Jagd!", fügte sie in
gebrochenem Deutsch hinzu. Als ich den
Kopf schüttelte und mich abwenden wollte, kam sie hinter mir her, zog mich
am Arm und fragte, was für einen Hund
ich denn wollte: „Vielleicht Terrier?"
Ich nickte und sie führte mich zu einem
Auto, wo sie den Kofferraum öffnete.
Aus einem weiteren Karton schauten uns
drei weiß-braun gefleckte Welpen an.
Sie nahm einen heraus und hielt ihn
mir hin. „Ist Mädchen, 60 Euro!", sagte sie. Ich nahm die Kleine entgegen,
weil ich mich sofort sie verliebt hatte. Die Frau griff wieder in den Kofferraum und holte einen ganzen Stapel
blauer Hundeausweise heraus, von denen
sie mir einen gab. „Alles gut, 50 Euro",
sagte sie noch einmal, und ich bezahlte,
auch wenn oder vielleicht weil meine
Frau protestierte. Ich hatte selber ir-

gendwie ein schlechtes Gefühl bei der Sache, aber wir hatten damals gerade nicht viel Geld.

Wir haben die kleine Hündin mit nach Hause genommen. Schon unterwegs kamen uns Bedenken und wir wollten am nächsten Tag zu unserem Tierarzt fahren. Das war dann auch nötig, weil die Kleine in der Nacht furchtbaren Durchfall bekam. Es dauerte lange, bis der Tierarzt meinte, jetzt hätte er die Sache wohl im Griff. Aber unsere Anja tobt nie so herum, wie es unser Schäferhund tat, irgendwie hat sie einen Schaden. Der Impfausweis war natürlich nicht richtig ausgefüllt, er hätte auf jede Rasse gepasst. Gechippt war Anja auch nicht, das mussten wir alles machen lassen. Die Behandlung kostete uns bisher über 1500 Euro, aber wenigstens hat unser Hund überlebt.

Frau X. aus Y

Als ich vor zwei Jahren in Pension ging, dachte ich, für mich als Witwe wäre es das Beste, mir einen kleinen Hund anzuschaffen, mit dem ich spazieren gehen könnte. Ich schaute ein wenig auf verschiedenen Seiten im Internet und entschied mich dann für einen Bichon frise. Einen Züchter fand ich auch, eine Autostunde von meiner Wohnung entfernt auf dem Land in …. Dort angekommen stellte ich fest, dass es sich um einen richtig großen Betrieb handelte, in dem Welpen aller Rassen angeboten wurden. Meine Rasse war auch dabei, ich wählte eine kleine Hündin aus und zahlte 450 Euro. Dafür bekam ich auch noch einen Abstammungsnachweis und den Impfpass.

Zuhause erzählte ich einer Bekannten freudig am Telefon von meinem Neuerwerb, aber die meinte sofort, da sei ich wohl auf einen Hundehändler hereingefallen, ob die Kleine denn überhaupt gesund sei. Ich bekam Zweifel und ging am nächsten Tag mit „Rübe", so hatte ich den Welpen genannt, zum Tierarzt. Der eröffnete mir, dass ihm dieser Betrieb bekannt sei, und untersuchte Rübe ganz genau. Der Impfpass stellte sich als fehlerhaft heraus, wahrscheinlich hatte mein Hund nie eine Impfung erhalten. Auch gechippt war er nicht. Über die Abstammungsurkunde hat der Tierarzt nur gelacht. Ob ich denn dort die Mutterhündin gesehen hätte, hat er mich gefragt. „Sehen Sie?", sagte er, als ich das verneinte, „Ihre Kleine ist im LKW von weit her gekommen."

Ich weiß jetzt nicht, was ich machen soll. Eine Freundin ist Anwältin, und die meinte, ich könnte gegen den Händler vorgehen, aber das will ich nicht, denn Rübe scheint doch gesund zu sein und das ist mir das Wichtigste.

KAPITEL 29

Hoffnung und Zuversicht

Nachwort von Birgitt Thiesmann

Um Sie als Leser nicht völlig resigniert, traurig oder schockiert zurückzulassen, möchte ich an dieser Stelle unbedingt erwähnen, dass es natürlich auch eine andere Seite gibt.

Nämlich Menschen, die sich unermüdlich für das Wohl der Tiere einsetzen. Nicht nur hier in Deutschland, sondern überall auf der Welt. Und natürlich auch in den osteuropäischen Ländern. Ihre Geschichten werden jedoch kaum erzählt, weil sie oftmals nicht spektakulär genug erscheinen. Doch verdient hätten sie es alle, schon allein, weil ihr Einsatz anderen die Hoffnung und Zuversicht geben kann, dass die Welt nicht nur schlecht ist.

Gregor, der polnische Tierschützer, ist so ein Beispiel. Er steckt seine ganze Kraft und sein mageres Einkommen fast vollständig in den Tierschutz, ist Tag und Nacht zur Stelle, wenn ein Tier Hilfe braucht. Er legt sich mit seinen Landsleuten an und geht sogar gegen höhere Instanzen vor, wenn er das Gefühl hat, dass Korruption im Spiel ist. Anfeindungen und Morddrohungen gehören zu seinem Alltag. Für ihn jedoch absolut kein Grund, aufzugeben – im Gegenteil: „Dann sterbe ich eben für das, wofür ich lebe!", ist seine Antwort darauf.

Und er ist nicht der Einzige, der so denkt.

Im Laufe der Jahre habe ich viel mehr gute als schlechte Menschen kennengelernt. Neben den unzähligen Tierschützern, Ehrenamtlichen und Spendern gehören auch die Leute dazu, die in den Behörden und Medien arbeiten.

Sie alle waren – und sind weiterhin – mit sehr viel persönlichem Einsatz dabei, wenn es darum geht, die VIER PFOTEN-Kampagne zu unterstützen und der Hundemafia den Kampf anzusagen. Ohne sie wäre das alles nicht möglich, und dafür bin ich ihnen unglaublich dankbar.

„Ich bin, was ich bin"!

Eine Welpengeschichte

Ich bin ein Welpe. Das bedeutet, meine Intelligenz und meine Aufnahmefähigkeit entsprechen denen eines acht Monate alten Kindes.

Ich bin ein Welpe, ich kaue an allem, was ich zwischen meine Zähne bekomme. Auf diese Art entdecke und erforsche ich die Welt. Selbst Menschenkinder stecken alles in den Mund. Es ist an Euch, mir beizubringen, was mein ist zum Kauen und was nicht.

Ich bin ein Welpe, ich kann meine Blase nicht länger als ein bis zwei Stunden kontrollieren. Ich spüre nicht, dass ich ein großes Geschäft mache, bis es plötzlich von selbst herauskommt. Ich kann weder Laute von mir geben, noch Dir erzählen, dass ich jetzt muss. Ich kann Blase und Darm nicht richtig kontrollieren, bis ich etwa 6-9 Monate alt bin. Bestrafe mich nicht, wenn ich einen Sumpf mache und Du mich die letzten drei Stunden nicht herausgelassen hast. Es ist Dein Fehler. Da ich ein Welpe bin, ist es weise, sich daran zu erinnern, dass ich nach dem Essen, Schlafen, Spielen, Trinken und ungefähr alle drei Stunden mein Geschäft erledigen muss. Wenn Du willst, dass ich die Nacht durchschlafe, dann gib mir nach ca. 20.00 Uhr nichts mehr zu trinken. Eine Hundebox ist hilfreich, damit ich schneller stubenrein werde, und verhindert, dass Du Dich über mich ärgerst.

Ich bin ein Welpe, ich spiele gerne. Ich renne herum und jage imaginäre Monster, Deine Füße, Deine Zehen und ich „attackiere" Dich, jage Fusseln, andere Tiere und kleine Kinder. Für mich ist alles, was ich mache, nur ein Spiel. Erwarte nicht von mir, schlapp und sanft zu sein oder den ganzen Tag zu schlafen. Wenn Dir meine Hochenergiephasen zu viel sind, dann solltest Du Dir vielleicht einen älteren Hund aus einem Tierheim oder einer Nothilfe- Organisation zulegen. Mein Spiel ist nützlich, benutze Deinen Verstand, um mich zu leiten in meinem Spiel, zum Beispiel mit Aktivitäten wie: Einen Ball jagen, vorsichtige Ziehspiele machen, oder mit Kauspielzeugen passender Art spielen. Wenn ich Dich zu hart „knipse", sprich mit mir in der Hundesprache, indem Du laut quietscht. Normalerweise werde ich diese Botschaft verstehen, denn nur so kommunizieren Hunde miteinander. Werde ich zu grob, ignoriere mich für einen Augenblick, oder sperre mich in meine Box mit einem Kauspielzeug.

Ich bin ein Welpe, hoffentlich wirst Du mich nicht anschreien, schlagen, treten oder verprügeln. Stattdessen leite mich bitte mit Ermunterungen und Weisheit. Zum Beispiel, wenn ich etwas nicht kauen darf, sage ein strenges „Nein" und gib mir etwas, was ich kauen darf. Noch besser, nimm alles weg, was ich nicht haben darf. Ich kenne nicht den Unterschied zwischen Deinen alten und neuen Socken, oder alten Turnschuhen und den 200 Euro teuren Nikes.

Ich bin ein Welpe, eine Kreatur mit Gefühlen und Trieben, die den Deinen ähnlich sind, aber doch auch ganz anders. Auch wenn ich kein Mensch im Hunde-anzug bin, so bin ich doch auch kein Roboter, der nach Deiner Laune tanzt. Ich möchte Dir wirklich gefallen und Teil Deiner Familie sein und Deines Lebens. Du hast mich (hoffentlich) bekommen, weil Du jemanden wolltest, der ein lieber Partner und Begleiter ist, des-halb verbanne mich nicht in den Hinterhof, wenn ich größer bin. Urteile nicht hart über mich, stattdessen forme mich sanft mit Richtlinien und Training zu dem Familienmitglied, das ich sein soll.

Ich bin ein Welpe und nicht perfekt. Ich weiß, auch Du bist nicht perfekt. Ich liebe Dich trotzdem! Bitte lerne deshalb alles, was Du kannst, über Training, Welpen-verhalten und Haltung aus Deinen Handbüchern oder mit Hilfe Deines Computers. Lerne etwas über die Besonderheiten meiner Rasse und ihre Eigenschaf-ten, es wird Dir helfen, zu verstehen, warum ich Dinge tue, die ich tue. Bitte lehre mich mit Liebe und Geduld, mich richtig zu verhalten und sozialisiere mich durch Training in Welpenspielstunden oder in einer Hunde-schule. Wir werden BEIDE Spaß daran haben.

Ich bin ein Welpe, ich will nichts mehr, als Dir zu ge-fallen. Nimm Du Dir bitte die Zeit, zu verstehen, wie ich funktioniere. Wir sind gleich, wenn es um Hunger, Schmerz, Durst, Unbehagen und Angst geht. Doch sind wir verschieden und müssen gegenseitig unsere Sprache verstehen, unsere Körpersprache, Wünsche und Bedürfnisse. Eines Tages werde ich ein starker Hund sein. Hoffentlich einer, auf den Du stolz sein kannst, und einer, der Dich liebt, so wie Du bist!

Mit Liebe, Dein Welpe

von J. Ellis ©2000

207

DANKSAGUNGEN:

Wir, die Autoren **Christopher Posch, Gerda Melchior und Volker Schütz**, danken …

Frau **Christina Bielowski** von der Tierstiftung VIER PFOTEN, Wien, für die Koordination des Buchprojekts,

Frau **Silvia Böller** für die wertvollen Informationen über die Zucht und das Wesen ihrer liebenswerten Havaneser,

Frau **Maggie Entenfellner** von der österreichischen KRONEN ZEITUNG für ihr Vorwort und für ihre spontane Zusage, dieses Buch medial zu unterstützen,

Herrn **Dipl.-Tierarzt Martin Gasperl**, Wien, für die packende Schilderung seines unermüdlichen Einsatzes gegen den illegalen Welpenhandel,

Frau **Alena Gerber**, die ihr schreckliches Erlebnis mit dem Kauf eines Welpen auf offener Straße in dieses Buch eingebracht hat,

Frau **Gabriele Jahn-Aigner**, die ihre Erfahrungen aus der Zucht ihrer charmanten Irish-Setter-Bande beigesteuert hat, und ohne die es den fantastischen „Shadow" nicht gäbe,

Herrn **Andreas Kuffner**, der es mit seiner Kunst tatsächlich geschafft hat, unser Manuskript in eine ansehnliche und lesbare Form zu bringen,

Herrn **Frank Lämmermann**, der während der Entstehung dieses Buches immer alle Fäden in der Hand hielt,

unserer Lektorin, Frau **Melanie Melchior**, die bei der Suche nach Fehlern in unserem Manuskript echte Spürnase bewiesen hat,

Frau **Jennifer Regenbrecht** von „Leid-der-Vermehrerhunde", die mit hohem Engagement dafür sorgt, dass an Körper und Seele misshandelte Hunde nach langem Martyrium doch noch menschliche Liebe und Zuwendung erfahren,

unserem Verleger, Herrn **Thomas Stolze**, ohne den niemand dieses Buch in Händen halten würde,

Frau **Birgitt Thiessmann** von der Tierstiftung VIER PFOTEN für ihr Vorwort und die unermüdliche Mitarbeit, denn ohne sie und ihre Beiträge wäre dieses Buch nicht das Buch, das es ist,

Frau **Margit Urbanski**, die ihr Wissen über die Zucht ihrer prachtvollen Golden Retriever mit uns geteilt hat,

Frau **Dr. Marlene Wartenberg**, VIER PFOTEN Brüssel, für ihren fundierten und ausführlichen Beitrag über den illegalen Welpenhandel aus gesamteuropäischer Sicht,

und natürlich allen, die hier nicht genannt sind, die uns aber beim Schreiben dieses Buches jederzeit mit Rat und Tat sowie seelischer Unterstützung zur Seite gestanden haben.

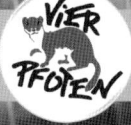

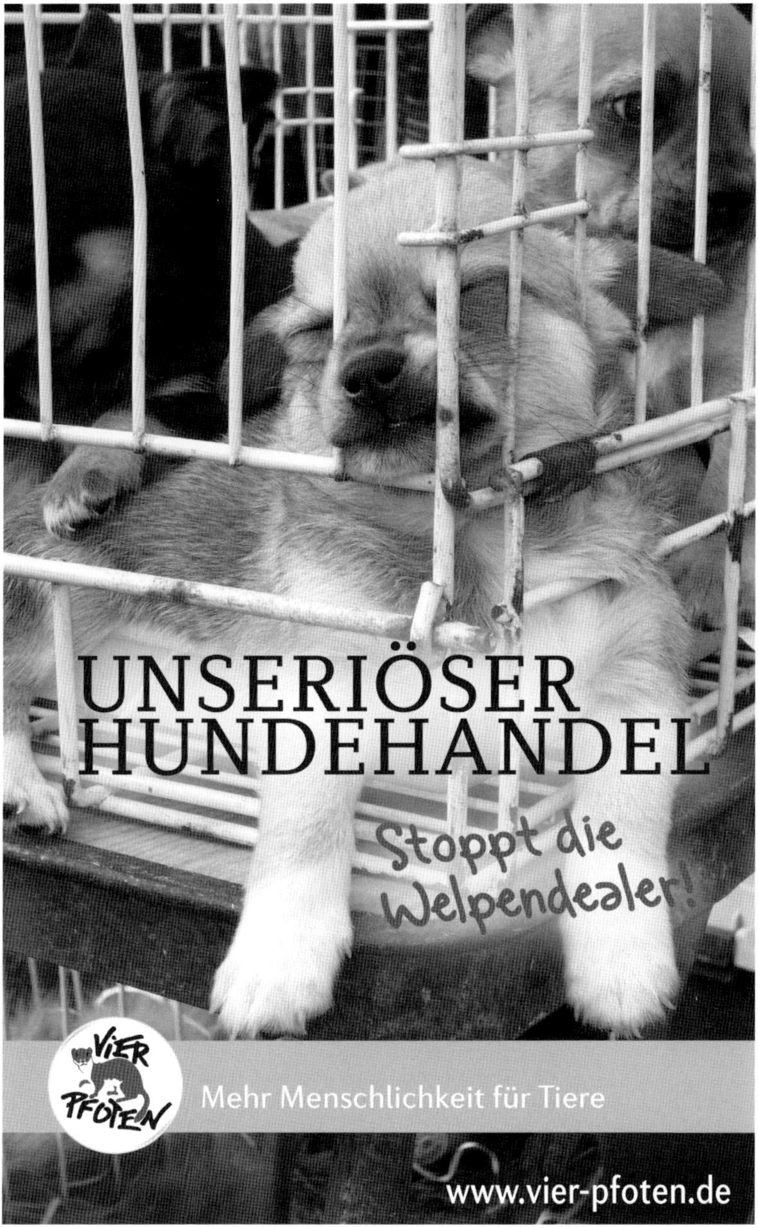
UNSERIÖSER
HUNDEHANDEL
Stoppt die
Welpendealer!
VIER PFOTEN
Mehr Menschlichkeit für Tiere
www.vier-pfoten.de